智读汇

连接更多书与书，书与人，人与人。

点亮心灯

活出人生赛场最好的自己

王勇刚　著

当代世界出版社

THE CONTEMPORARY WORLD PRESS

图书在版编目（ＣＩＰ）数据

点亮心灯：活出人生赛场最好的自己 / 王勇刚著． -- 北京：当代世界出版社，2019.3

ISBN 978-7-5090-1381-6

Ⅰ．①点… Ⅱ．①王… Ⅲ．①人生哲学—通俗读物 Ⅳ．① B821-49

中国版本图书馆 CIP 数据核字（2018）第 277907 号

点亮心灯：活出人生赛场最好的自己

作　　者:	王勇刚	
出版发行:	当代世界出版社	
地　　址:	北京市复兴路 4 号（100860）	
网　　址:	http://www.worldpress.org.cn	
编务电话:	（010）83908456	
发行电话:	（010）83908409	
	（010）83908377	
	（010）83908423（邮购）	
	（010）83908410（传真）	
经　　销:	全国新华书店	
印　　刷:	北京宝丰印刷有限公司	
开　　本:	710 毫米 ×1000 毫米　1/16	
印　　张:	15.75	
字　　数:	190 千字	
版　　次:	2019 年 3 月第 1 版	
印　　次:	2019 年 3 月第 1 次印刷	
书　　号:	ISBN 978-7-5090-1381-6	
定　　价:	49.90 元	

推荐序

心灯如何被点亮?

挑灯,夜读《点亮心灯——活出人生赛场最好的自己》。

作者王勇刚是一个在房地产行业浸润了15年的人,毅然停掉自己业绩不俗的房地产经纪公司,开始成为一名人生教练和企业培训师。这背后是怎样的力量? 走过怎样的心路历程? 有过怎样吸引人的故事?

这本书讲给你听。

首先,你看到的是作者自己心灯被点亮的过程。作者经历了所有职场成功人士共同的心路历程:努力奔跑——成就体验——数字累积——累觉不乐——终极追问(我是谁? 我来自哪里? 我去向何处? 我人生的使命和意义是什么?)作者最了不起的地方,是在困惑和迷茫中有了自我觉知的能力,看到了,停下来,变道! 在用教练技术和咨询方法帮助别人成长的过程中更深地照见了自己,打通了通往人生彼岸的一道道关口,在助人心灵成长的过程中实现了心理自助。

其次,你看到的是作者所带领的教练对象心灯被点亮的过程。那些来自于各行各业的男男女女，他们光鲜亮丽的外表下面是不堪重负的心灵。渴望完美、害怕受伤、怀疑自己、内心胆怯、缺少自知、被迫强大、信念偏差、回应失当、自我冲突、重写剧本……一个个咨询、求助者的故事就像发生在我们身边的小王或小李的故事，几十个故事讲的不是你，也一定是你身边的人，那么切近，那么鲜活。他们就像在高速路上突然遭遇了浓雾的汽车，闪着应急车灯却不知所措，油箱加满了油却不知驶向何方。最后，在教练的带领下，当浓雾散去，那闪亮的车灯也让同行的人们看见了前进的方向。人生，永远在重复，不是重复自己，就是重复别人。所以，读读别人的心灵故事，就瞬间读懂了自己。

第三，你将看到的是自己心灯被点亮的过程。作者本身就是一名人生心理教练，所以在每节后面都安排了2～3道关于该主题的练习题。就像我们亲自去参加的培训课程一样，在导师讲解后我们开始做课堂练习。让读者在完成练习题的过程中增强了自我觉察能力，看到了自我成长的目标、动力、阻碍、资源、优势、不足、模式与路径。所以，这本书又像是一本自我心理修炼手册，手把手地教你如何通过节后练习来把自己的人生之路一步一步地点亮。

这本书用一个个故事串起了人生路上关于职业、家庭、人际、自我的一个个航标，就这样一路走来，一路点亮。既有心路，也有心语。既是内心独白，又是人生导语。既画出了一条个人成长领悟之路，也画出了一条职业心理教练之路。

在心理培训道路上走着两类人，一类是科班出身的专业咨询师，一类是行业出身的职业教练，前者容易隔靴搔痒，后者容易歧路亡羊。

我们特别期待出现第三类培训师，他们既是在行业领域取得成功的经营者，又是在咨询培训行业累积了丰富经验的理论家，还是用心理学的理论与技术照亮自己前行道路的切身体验者。

恰好，王勇刚就是这样的人。

他在房地产领域经营的地产成交总额超过10亿元人民币，不可谓经验不丰富；在咨询领域熟悉人格理论、认知疗法、叙事分析、沟通技巧、放松技术等，不可谓功底不扎实；在生命历程中学会了放下、觉察、陪伴、喜悦，不可谓效果不明显。

所以，他讲的故事，你可以听。

贺岭峰

著名心理学家

序

　　2011年5月，我在上海进入房地产行业已经15年了，我和朋友合伙成立自己的房地产经纪公司也已经6年了。毫不谦虚地讲，我认为自己是一个很勤奋很努力的创业者，当然我在这个行业里面也取得了一些成绩。

　　在那个时候，我已经取得行业中两个国际性的资格认证，同时拥有这两个认证的人并不是很多。其中一个是CCIM，国际注册商业房地产投资师；另一个是CPM，国际注册资产管理师。在上海作为一名房地产经纪人，我也可以算是成功的，我成交过两幢独立的写字楼，在15年的从业时间内我成交的地产总额已经超过了10亿元人民币。

　　可是我发现自己越来越不快乐，甚至是很苦恼。那个时候，我带领着二十多人的团队，每天很忙碌，为了有更多的成交，开着车在外不停打拼，常常是傍晚回到公司累得往桌子上一趴就睡着了。尽管公司里很热闹，但是我却觉得自己和同事们的距离越来越远，我始终很小心地维护着自己的形象，不让任何人靠自己太近，也不愿意靠近别人。我的内心越来越焦虑，很难相信有人可以帮到我，当我安静下来的时候，孤独感和无力无助感总会莫名地跑出来。我好像深陷团团迷雾之中，看不清楚自己人生下一步的方向。这让我很恐慌，我只有让自己不停地奔跑，不让自己停下来，我不要去面对这种孤独无奈的感觉，于是我开始变得越来越冷漠和麻木。

当我对自己越来越有觉察时，我时常有种想要抱着自己痛哭的欲望。透过迷雾，我分明看到一个蓦然惊醒过来的自己，突然看清楚自己原来一直生活在囚笼中，生活在一个自己一手打造的数字囚笼中。的确，在成人的丛林世界待得太久了，心中已经少了一份纯真。很多年以来，我就是在用一连串的数字衡量自己的世界和生活！比如，公司每年要成交多少业绩，自己每年要赚多少钱，开多少钱的车子，住多大的房子等。

不仅对自己是这样的，同样更多时候也是在用数字衡量和比较自己身边的人！比如，儿子要考多少成绩，别人的房子比我的大多少，别人的车子比我的贵多少……慢慢地，数字变成了生活的唯一标准，所有的焦点全部在数字是否达标，达到或超过自己设定的数字，生活才好像是成功的和精彩的！没有达到，或是自己的数字比别人低，自己的生活好像就是不成功的不幸福的！当生活中，数字（结果）变成唯一的评判依据，过程中的感受和体验就慢慢地消失了，确切地说是被自己选择忽视或忘记了。

于是在以往的人生中，象征自己的生活和世界是否精彩、有价值的一系列数字是否达标，便成了自己的生活和世界的焦点。当我不断达成，甚至超越设定的数字时，我便成为我的世界中自我自大的国王；为了这些数字，我带上虚伪的面具，渴望得到别人的尊重和认可；我就像是《小王子》书中那个掌灯人一样，生命存在的意义就是不断地忙碌，忙碌在获得一个又一个数字的过程中；慢慢地自己的人生中充满孤独、冷漠和麻木，内心总是充满不安、烦闷和抱怨，我不知道自己为何总是不快乐，不知道自己的生命意义在哪里、价值是什么！

所幸的是，2011年5月，我开始了与以往我所有的学习都不一样的学习。以往的学习都是向外求，去拓展人脉、学习新知识和方法、掌握新的工具和能力、获取行业资质等。我把焦点放在方法、工具、技术，放在如何可以有更加优质的人脉。这些学习的确让我认识了更多的优秀成功人士，有了更好的资源，掌握了很多技术；但是这些学习并没有从本质上真正意义地让我和我的公司发生改变，直到我开始对自我探索的学习。我发现，自己才是一切的本源，让我看到我自己本身就蕴含着丰富的宝藏，有着无限的潜能等待开发。同时也让我清楚地知道了我是谁？我来自哪里？我要去向何处？我的人生意义和人生使命是什么？我也找到了让自己内心安宁快乐生活丰盛精彩的秘诀：用心！

在那以后，即便每天还是同样的生活，我会因为和儿子有平等坦诚的交流而开怀大笑，看到自信阳光的他，我会感觉很自豪；我会陪太太逛逛街，感受到她的喜悦和满足时，我会感觉很幸福；我会用赞美和欣赏的眼睛去看待这个世界，会看到生活中更多的美好，会感受到生活中更多的精彩。

2015年10月，我做出了人生中一个非常重大的决定，我将自己经营10年的房地产经纪公司歇业，全身心地投入到培训行业，成为一名职业教练和培训师。一路走来，我看到越来越多的人经过系统学习后，因为自身觉察力、迁善力和行动力的提升，而让自己的生活和事业发生了巨大的、让人欣喜的改变，有的人变得自信、勇敢、坚强，有的人变得更有目标感和执行力，有的人变得肯付出、负责任、有承诺，有的人变得更加有格局和影响力，这一切，让作为一个见证者和参与者的我内心充满喜悦。

我相信每个人都是独一无二的，每个人都有无穷的潜能，只要愿意督促自己学习，都可以不断自我超越，从自己人生的迷雾中走出来，实现人生的圆满丰盛！我选择让自己可以成为一面镜子，去支持更多的人觉察自我，走出迷雾、突破局限、活出真我！我选择成为更多人生命醒觉蜕变的见证者、参与者和引发者！我愿意用微薄的力量去引发更多的人点亮自己的那盏心灯，让灯光穿透人生中的重重迷雾。

也许这首小诗可以表达我的内心世界，送给看到这本书的每一个人，请相信你也是可以做到的，不但点亮自己的心灯，而且也可以令你身边的人和环境更加美好，因为你我原本就是这样的人。让我们一起努力，相信你我的引发，可以让这个世界更加美好。

心灯

三千婆婆皆由心，

万丈红尘如是境，

圣贤智慧吾自性，

弘法利生心灯明。

真诚感恩我的授业恩师谭健儿（Kelly）女士和程家玮（Calvin）先生，Kelly是我进入这个领域的源头，Calvin是那个点亮我心灯的人！两位恩师一直在前方指引我，你们的正直、严谨、自律，在训练中的全力以赴、爱与关怀，对自己生命愿景的执着都值得我学习。

感恩我的太太谭祖燕，从1988年成为高中同班同学开始，我们迄今认识已经超过30年了。你一直是我身边那个最相信我和支持我的人，没有你对我的无私付出和全然纯粹的爱与信任，不会成就今天的我，我可能还是那样的冷漠、固执、自我和麻木。

感恩我的母亲和父亲，你们不但给我生命，还让我得以继承你们身上所有那些优秀的品质。

感恩"智读汇"的柏宏军先生和他的小伙伴们，因为你们卓越的工作，为这本书增色添分，期待未来可以有更多的合作。

我从2017年3月开始正式进入加拿大海文学院（The Haven）国际心理咨询专业班学习，非常感恩在这里遇见的每一位指导我学习的导师，比如Linda，帮助我对自己进行更加深入的探索，我活得越来越真实而完整。

感恩贺岭峰教授的支持，百忙之中为我写的推荐序，大家风范铭记在心。感恩李骁对我的支持，这么多年来你一直都是那么热心帮助身边的人。非常感恩我生命中遇到的所有人，因为和你们的遇见，让我的人生更加精彩！

点亮心灯，在人生赛场活出最好的自己，让生命绽放！

CONTENTS | 目录

CHAPTER ONE | 第一章
人生的迷雾

引言

我曾经有过一次在迷雾中开车的体验，至今回想起那一次的经历，仍然让我非常后怕。

那大约是在2013年的秋天，当时和一些朋友相约去宜兴的南山竹海泡温泉。他们大部分在下午就出发了，傍晚基本上都到了目的地。我由于要在公司处理一些事情，所以下班回家吃好晚饭，到晚上九点多才出发，当时车上除了我们一家三口，还有我弟弟一家人。

我打开车载导航，按照提示的路线向目的地驶去，高速路上车子越来越少，我想路况这么好，应该很快就要到了。大概还有四十几公里时，导航提示我下高速，有一段国道要开。那时已经近晚上11点了，我心想就快到了，按导航的提示开应该没错。刚开始的确很顺利，夜色越来越深，开始时不时在车旁飘起了一团团的白色雾团。起初我并没有太在意，但是情况越来越糟糕，雾团越来越多，当迷雾飘来的时候，根本看不清楚车外的状况。开始迷雾还一闪而过，后来有时要在迷雾中仅仅凭着导航的指引开上十几分钟！最后迷雾越来越大，根本不知道自己身处何方，只好把车子停在原地，

 **点亮心灯**

诚实面对自己，诚实面对自己人生的现状，才能看见自己生命中的迷雾，才能看清楚迷雾背后的陷阱，这些陷阱都是我们生命中存在的要去穿越的课题。

打开所有的车灯（雾灯、双跳灯），并不停地按车喇叭，生怕有其他车子撞上来。

那晚停留在迷雾中超过半个小时之久，我们什么都做不了，只能待在车里，同时内心带着巨大的恐惧等待迷雾的消失。所幸最终迷雾消失，我们至少多花了两个小时的时间才平安到达大家早已下榻的酒店。

我后来常常会和大家提起这段迷雾中开车的经历，有时候在梦中依然会看到——我在迷雾中不知所措的画面。我之所以会有如此深刻的印象，是因为，其实我们这个世界上的大多数人，在人生的绝大多数时间中恰似在迷雾中挣扎一般。特别是最近几年自己转换跑道从事培训，每次在课室内听到很多同学分享自己的人生故事，看到他们对于人生现状的迷茫，对于人生下一步方向的渴望，常常会让我想到那次在迷雾中开车的经历。

在人生中，我们每天忙忙碌碌，看似很清楚知道自己要做些什么，其实大多数时候我们只是为做而做，按部就班地工作和生活。不信问问自己好了，你今天的工作与生活，和昨天有什么不同吗？你维持这样相同节奏的工作与生活有多久了呢？几个月？几年？还是几十年？除了知道你自己在变老，你还清楚在你的人生中接下来会有什么不同吗？你知道在你的生命中，对你最重要的是什么吗？这辈子，你最想要的是什么？

　　诚实面对自己，诚实面对自己人生的现状，才能看见自己生命中的迷雾，才能看清楚迷雾背后的陷阱，这些陷阱都是我们生命中存在的要去穿越的课题。看清它们的目的，是为了让我们的生命可以圆融、富足与丰盛。

你要什么?

如果我问你,"在你的人生中,你要什么?"对你来讲,"在你的人生中,最重要的是什么呢?"在训练课程中,我也常常这样问我的学员,很多人听到这个问题的时候,一脸的茫然。是啊,我要什么呢?因为在过去,他们中的绝大多数人都很少思考过这个问题,也很少有人问过他们这个问题!我相信,很多人直到离开这个世界,也没有机会思考过这个问题!

在我38岁前,我也没有问过自己这个问题。直到我38岁的一天,有人问我这个问题,我开始也很懵,不知道该怎么回答!后来我试着去思考,最初我得到的答案是我要成功,我要卖更多的房子,我要赚更多的钱,我要买更大的房子,我要开更好的车子,我要周游世界,我要成为名人,我要被别人尊重等。当我说出这些我自以为很渴望要的东西时,好像只是一个个从嘴巴里面发出的空洞的声音,在我的内心没有任何情绪被引发,没有任何共鸣发生。

所有这些我说出来的答案,我知道都是我一直以来在努力追求的东西,而且看上去我做得还不错,至少和同龄人相比，我比大多数人当下的结果都要好。问题是，我并不快乐。如果这就是我要的，得到之后却不能让我快乐，那么这些真的会是我想要的吗？那么得到这些的意义又在哪里呢？

比方说，我们每个人都有一艘自己的生命之舟，生活就像茫茫大海，我们每个人驾驶着自己的生命之舟在大海航行。那么，你要把自己的生命之舟驶向何方呢？这就是"你要什么？"这个问题的意义所在了。明确知道自己要什么，就像是在茫茫大海中竖立一座灯塔，它给你的生命之舟以方向和目标。

这个世界上的大部分人并没有很认真地去思考过这个问题，相应地，带来的后果就是在人生中随波逐流，不清楚自己人生的方向和目标，得过且过，做一天和尚撞一天钟，脚踩西瓜皮，滑到哪里算哪里！就像以往我自以为要的就是刚才讲到的那些，其结果是不但我自己越来越不快乐，越来越冷漠和麻木，也给我身边的家人带来了很大压力。

我不停地问自己，我要什么？有一个答案直击我心，"我要家庭幸福！"仿佛是发自地底三千尺的呐喊，当我脱口而出之时，我体验到内心极大的震撼，在我内心引发了巨大的情感上的共鸣，瞬间我的泪水流了出来。

我母亲1999年8月因急症离世，去世前托付我父亲迎娶我寡居多年的姨母，她是我母亲的亲妹妹。父亲应允了，但是在姨母过门的前几天，我如丧家之犬般逃回上海。我告诉父亲，上海公司有急事需要我处理，其实是我不愿意看见母亲的位置被别的女人取代，即便这个人是我从小就很喜欢的姨母。继母十多年来把父亲照顾得很好，把家也操持得很好，对我们三兄妹和我们的小孩也都很好，但是我内心始终和她保持一段距离，不远不近、不冷不热。

我的太太也是我的高中同学，在1999年母亲离世后不久，经过十年恋爱长跑我们进入婚姻殿堂。当时情况特殊，没有在我家举办过婚礼，这也成为

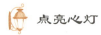 **点亮心灯**

　　当我听到发自内心的呐喊后，我开始看到自己在以往对于家人带来的伤害，我开始听从内心的召唤，我不再那么固执和自我，我开始卸下浑身的盔甲、拆除心中的围墙，我愿意敞开自己，和身边的人建立情感上的连接，我的家庭越来越和睦幸福。

　　多年来太太的一个心结，由于缺乏仪式，她始终潜意识中觉得我们的婚姻没有得到我的家族重视，没有得到足够的祝福。我不但对此不以为意，反而常常反过来责备她太作，太在乎这些没用的噱头！当太太说我不尊重她时，我捶胸顿足天理何在？还要我怎么做？

　　我对儿子也极为严苛，缺乏耐心和关爱。在我心中始终有一把标尺在衡量他，达标，好孩子，夸几句；不达标，笨死了，脸若冰霜、寒气逼人！儿子内心对我是恐惧的，有时晚上他在房间做作业，听到背后我的脚步声迫近，身体会开始变得有些僵硬、反应木然。这些都让我很心痛，但是我却并没有因此而改变对待孩子的方式。

　　对父亲，我也是疏远的。前者，母亲急症离世，我心中对他多有责怪，认为他没有照顾好我的母亲；后者，迎娶继母，我对他心中存有愤怒，认为他没有对我母亲从一而终。我自己很清楚，很长的一段时间内，我和父亲之间被我竖起一堵厚厚的墙，我不愿意和他有情感上的连接。

在那个晚上，当我听到发自内心的呐喊后，我开始看到自己在以往对于家人带来的伤害，我开始听从内心的召唤，我不再那么固执和自我，我开始卸下浑身的盔甲、拆除心中的围墙，我愿意敞开自己，和身边的人建立情感上的连接，我的家庭越来越和睦幸福。

如果你并不清楚自己要什么，你就好像行走在人生道路上的旅人，你看上去行色匆匆，却并不知道自己要去向何方！也许你会觉得这很荒谬，但是如果你愿意诚实去看的话，你会发现这些荒谬在你的身上，在这个世界上的绝大多数人身上，正在真实地发生。

不妨停下你忙碌的脚步，问问你自己的内心，在你的人生中，你要什么呢？又或者对于你来说，在你的人生中，什么是最重要的呢？

在我看来，问清楚自己这个问题，再迈开你的脚步，会让你走得更稳走得更远。

练习
PRACTICE

准备好一支笔和几张 A4白纸，给自己一个安静的时间和空间，然后在白纸上写下：

1. 在你的生命中，你最想要的是什么？对你来说，什么是最重要的？至少花1个小时的时间去思考。

写下所有你能想到的答案，允许任何答案出现，然后一次念出一条答案，每条答案可以念2～3遍，甚至更多遍。边念，边用心去感受当你念出这条答案时，你的内心有什么样的感觉？

重点标注那条或那些引发你内在最强烈情绪体验的答案。

2. 我鼓励你可以更进一步思考：
你生而为人，存在的意义是什么？
你的人生使命是什么？
如果你发现自己以往从没有思考过这样的问题，那你对自己有什么发现呢？

怎样成为一个完美的人？

在培训中，我常常会遇到一些人，他们内在渴望成为一个完美的人，问他们为什么来学习，他们的答案很相似，就是想让自己更加完美。因为他们相信，只有成为一个完美的人，才会拥有成功幸福的人生。

成为一个完美的人，是很多人梦寐以求的，这同时也变成了一个完美的陷阱！ 要让自己成为一个完美的人，这样的信念带来的后果就是，其中一种人认为自己还不够完美，这给他们足够完美的理由和借口，可以在人生中迟迟不敢冒险和行动，总是要等待一个完美的时刻出现，一直在生命中拖延和等待，最终蹉跎岁月，一事无成。

还有一种人，会在生命中不断采取行动，向自己认为的那个完美的标准靠近。但是因为这个标准太高，所以不管自己如何努力都无法达到，这让他们很沮丧。因此在他们的人生中，不管他们取得怎样的成绩，他们都认为是不够好的，他们对自己充满了愤怒，始终无法享受到成功的喜悦和满足。

要知道信念和价值观不单是关于别人和外部的世界的，我们关于自己的信念和价值观同样非常重要，甚至是最重要

点亮心灯

放下对于做一个完美的人的执着，开始愿意接纳自己可以是不完美的。在我看来，做真实的自己远比做完美的自己更加可行，你只要活出内在的真实就可以做到。

的。我遇到过不少来学习的朋友，在外人眼里应该算是很成功的了，但是内在却并不快乐，对自己有很多的怀疑，常常会体验到沮丧、焦虑和空虚感。究其根本，往往是因为他们相信自己是不够好的，所以不管取得多大的成就，都无法弥补低谷自我价值带来的不足够。内在关于完美的声音，始终在给他们带来困扰。这个声音，来自成为理想我的渴望。

我们每个人的生命中都有三个自我，真实我、现实我和理想我。真实我，指的是我们作为婴儿来到这个世界时，每个人都生而具备的基本天性和人格特征。生而为人，每个人都有自己独特的个人气质和生命潜力。理想我，指的是我们在自己生命成长的过程中，为了满足父母、社会或学校师长等所代表的权威对于我们的期待，为了得到他们的接纳和认可，我们给自己塑造并且内化的一个完美的自我形象。现实我，指的是当下的我，而且是带着很多的自我评价。而这种自我评价，往往更多是自我否定和批判。

　　在过去的很多年，我对自己的信念是要做一个完美的人，认为只有完美才能带来人生中的成功和幸福，我一直在用理想我的标准要求自己，要求自己活成一个我心目中完美的我。我告诉自己，我不可以做错事，我不可以说错话，我不可以不成功，我不可以赚不到钱，我不可以偷懒，我不可以抱怨，我不可以做不到，我不可以不聪明等。多年来我一直非常勤奋，很拼命地努力着，完全忽略了我自己到底是谁？我生命的意义在哪里？在我的生命中，什么才是最重要的？

　　每次当我不堪重负，停下来喘口气的时候，我看到的是自己做得还不够好，离目标还差很远，我又做了些什么让自己觉得很愚蠢的事情！然后我就开始指责自己，恨自己，甚至鞭打自己！然后又开始更加拼命努力，但我发现自己还是做得不够好，离那个完美的理想我越来越远，我更加恨自己。我决不允许自己停下来，很恐惧在一个状态下停留，在自恨循环的游戏中，我玩得很熟练且沉迷其中。尽管在我朋友们的眼里，我家庭幸福事业有成，可是我的内心却总是体验不到快乐！

　　不但我内心常常焦虑不安，而且给我身边的家人，包括孩子，也带来了很大的压力。

　　你要做的就是，放下对于做一个完美的人的执着，开始愿意接纳自己可以是不完美的。在我看来，做真实的自己远比做完美的自己更加可行，你只要活出内在的真实就可以做到。

　　当我开始看到自己过去一直没有和真实我连接，当我开始在生命中探索真实我，并且开始在生命中活出那个真实我，我开始接纳现实我和理想我的距离，我开始看到自己还有更多地方做得还不错，开始更多地爱自己而不是鞭打自己。当我看清自己的真实我，看到我的理想、我背后的人生愿景和方向，我承认和接纳自己的现实我与理想我的距离，我不再那么紧绷，越来越轻松，

　　我活出了一个完整和真实的我，在通向理想的道路上更加地爱自己，欣赏自己已经付出的所有努力。这让我在成长的道路上，成长的驱动力不再是恐惧，我的内在充满幸福与快乐，我的内在是丰盛和富足的。

　　你对完美的定义是什么呢？你又是如何看待自己的呢？

准备好一支笔和几张 A4白纸，给自己一个安静的时间和空间，然后在白纸上写下：

1. 在你生命成长的过程中，你的父母或长辈对你的期待是什么？你对自己的期待又是什么？

2. 用3~5个词语来描述现在的你，你会怎么说呢？把你现在取得的成绩，和你的父母长辈以及你对自己的期待相比较，此刻你的体验是怎样的？

3. 当你没有达标时，你通常会怎么看自己？会对自己做些什么？

为什么受伤的总是我?

有一首歌,歌名叫做《为什么受伤的总是我》,有几句歌词是说,"为什么受伤的总是我,到底我是做错了什么,我的真情难道说你不懂?为什么受伤的总是我,如何才能找到我的梦?"

在过去,我一直认为这样的词语太矫情。而且我常常对晚上8点档电视剧里面,那些男女主角被人一再伤害的故事桥段嗤之以鼻!但近几年,我常常会听到很多学员分享自己人生中受到伤害的故事,受伤的故事听多了,我终于相信原来电视中的那些苦情悲情的故事真的是存在的。

"教练,现在你有时间通个电话吗?"我认识不久的一位朋友,她在微信中问我。我记起来她的样子,她事业有成,看上去很热情开朗,在她自己的圈子里面也是一位有担当有影响力的大姐大。那天下课的时候,她过来找我,欲言又止,最后鼓足勇气说想和我约个时间电话沟通一下。

我回复她说可以的,电话响了,她告诉我,她把自己关在车子里面给我打电话,我知道她已经准备好了要坦诚地和我聊聊。过程中,我耐心地倾听她的述说,只是偶尔在有必要和她确认事实的时候才会打断她一下。

她生长在农村，家里重男轻女，由于家里已经有一个姐姐了，她生下来没多久就被父亲送给别人家了。后来还是外婆舍不得，没过多久又把她要回来了。她印象中的童年是冷冰冰的，感受不到温暖和爱，基本上自己都是被关在家里长大的，只要父亲在家，她内心就会充满恐惧，饭不敢多吃话也不敢多说。

后来，她父亲因故欠下一大笔债务，让她觉得钱很重要。17岁的她初中就辍学外出打工，除了自己的基本开销外，其他的钱都会交给父母还债。后来在21岁的时候遇到现在的老公，她老公当时离异而且大她十几岁，认识不久，她就很冲动地不管不顾地嫁给了这个男人。成家后一年左右，两个人就产生很大的感情危机，她发现他一直在外面和别的女人纠葛不清。为此她吵过闹过，甚至夫妻间产生家庭暴力，却始终都无法从老公那里得到她想要的爱和关怀，她只好把所有的精力专注于自己的事业。当然，她在事业上也取得了很大的成功，在外人眼里不但开豪车住豪宅，而且儿女双全，日子过得很风光。但是，冷暖自知，内心的悲苦只有她自己才知道！在家里，她和老公彼此间过得就像路人一样；豪宅再富丽堂皇，但是缺少爱的氛围，感觉上也只不过是冷冰冰的钢筋水泥而已！

不单是自己的感情受到挫败，在亲情上同样让她心里很苦闷。随着她的事业不断发展，她给自己的父母和姐姐买了房子，还帮姐姐家还清了债务，甚至安排姐姐一家人到自己的企业中工作，高薪养着他们。但是她觉得自己好像永远没法满足家人的胃口，他们总是不断对她欲取欲求，从来没有人理解她，也没有人愿意来关心她体会她的难处。她觉得不管她怎么做，他们总是在不断伤害她的情感。"教练，我该怎么办？"她问我，尽管语中带笑，隔着电话，我也能感受到她此刻的辛酸和无奈！

　　在我们的生活中，不乏这样的案例，类似的男女主角，类似的故事总会时不时在你我身边上演。我们都渴望爱情甜蜜，家庭幸福，亲情和睦，为了达到这些目的，我们都愿意付出巨大的努力，甚至是倾尽所有，可是在生活中往往会发生事与愿违的事情，到底发生了什么呢？

　　就像这位朋友，童年缺乏爱，成年渴望爱，一直想从老公和家人那里得到爱，为了得到老公和家人的爱，她也付出了很多，但是她渴望的爱看上去却离她如此遥远！这就是现实生活中存在的困境，有的时候，你越渴望得到某样东西，而却总是得不到！不但得不到，而且还总是被身边的亲人不断伤害。

　　我告诉她，作为教练，我没办法教她怎么做，我可以做的是告诉她我看到了什么。我看到，由于童年缺乏爱，她内心对爱，特别是对父爱极度渴望；还有她内心对得不到爱的恐惧和不安全感。为了得到家人特别是父亲的爱和关注，为了证明自己是有价值的，她不断给父母金钱来体现自己存在的价值。同样，由于没有得到过父爱，所以，她才会那么坚决地和老公走到一起，潜意识中是因为她想从老公身上得到父爱的弥补。

　　事业成功后，帮助家人摆脱债务压力，为家人置业，极大地满足了她的被需要感。这么多年来，她一直不自觉地在玩的就是用金钱换爱的游戏，用金钱换老公感情，用金钱换家人亲情，但是最终换来的只是更大的和理所当然的索求！而当她不再愿意满足他们，或是满足不了他们的索求时，所有的人就都开始指责她，包括她的父母，在他们眼中她成了为富不仁的人！

　　如果她不能在自己、老公及家人的相处模式上做出改变，结果就无法改变。只要不停止金钱换爱的游戏，就永远是有钱就有爱，没钱就受伤害！而更加底层的原因是，她内在的自我价值的缺失，导致她要向外求得老公和家人的爱及认可；为了得到老公和家人的爱及认可，她才会对老公和家人的索

 **点亮心灯**

> 要得到别人的爱和认可，先从爱自己欣赏自己开始！唯有开始爱自己欣赏自己，自己才会开始自信和有力量。

求难以拒绝。某种程度上来讲，她也在主动配合老公和家人上演这样一出苦情大戏。

要得到别人的爱和认可，先从爱自己欣赏自己开始！唯有开始爱自己欣赏自己，自己才会开始自信和有力量；唯有先把焦点拉回到自己身上，才会清楚自己要过怎样的生活，才会为自己要的方向和目标采取立场和行动，才会真正开始得到自己想要的生活。

在培训的过程中，听到最多的故事里面，有一类故事就是在友情和金钱中受到伤害。有的学员出于对朋友的信任，当朋友开口借钱的时候，总是满足对方的要求。但是往往到最后，不但钱要不回来了，连朋友也没得做了。还有就是原本两个人关系很不错，一起开始合作创业，到最后生意合作不下去了，友情也破裂了。

前不久的一次培训中，有一个学员站起来分享，他有一个从小玩到大的朋友，两个人关系很好，他和朋友的太太也认识。这个朋友好赌，婚姻遇到了很大的危机。出于好心，同时也看到两个人做的业务有互补的地方，他就拉上这个朋友一起合作创业，开二手车交易平台。在合作的过程中，他帮了对方很多，包括好几次借钱给对方还赌债；后来，对方提出让自己的太太也加入进来负责财务，他没有多想就同意了。

合作了一年，业务发展得很不错，但是他发现对方夫妻俩在财务上做了一些手脚，于是他就和对方拆伙。没想到对方没过多久就在附近也开了个二手车交易平台，和他打对台戏。不但如此，还抓住他在消防上的疏漏，向相关部门连续举报，害得他直接损失300多万元人民币。他在讲这个故事的时候，很痛苦，也很愤怒。他搞不懂为什么自己对朋友那么好，那么帮对方，对方却做出这样的事情！

还有另外一类很典型的受伤害的故事，就是在情感上。我有一个学员，让她很难过的是，十年婚姻中丈夫总是不断地出轨。她一次次地包容，对方也总是每次事后信誓旦旦地保证不会再犯同样的错误，可是过不了多久就会重蹈覆辙！她已经受伤得麻木了，对婚姻不再抱任何希望，把所有的注意力放到孩子和事业上，婚姻早已经名存实亡。

这样的故事，不仅在我们身边，在我们自己的生命里面也在不断上演。

准备好一支笔和几张 A4 白纸，给自己一个安静的时间和空间，然后在白纸上写下：

1. 在你的生命中，有哪些人，或哪些事，总是会让你产生受到伤害的体验？请具体描述。

2. 什么原因，你会允许这些人或这些事还在不断持续地对你带来伤害？诚实面对背后的原因。

怕什么来什么!

　　前不久听到一位朋友分享，他是做咖啡连锁品牌的，他们家的咖啡连锁店很有品位和格调，在当地很受欢迎，很多商业体都希望能争取到他们进场营业。前不久，有一家新开商业体的甲方找到他们，为了争取到他们进场营业，对方表现出很大的诚意，甚至找到他的一个好朋友出面来帮忙游说。

　　我这位朋友挺好面子的，平时也甚是在意自己在别人心目中的形象。尽管这个商业体的位置决定了进场营业要面临很大的风险，不过碍于朋友的面子和甲方热情的态度，他不好意思当面拒绝。于是他先是开出严苛的位置要求，后来又提出不满意甲方给出的商务条件，希望甲方能知难而退主动放弃。没想到他低估了甲方的决心，他提出的所有要求甲方竟然全盘接受，极具诚意。

　　这下事情尴尬了，在整个过程中，我这位朋友只好一直采用"拖"字诀，能拖就拖，能躲就躲，甚至看到甲方频繁打来的电话就头疼，接也不是不接也不是。最后，还是没有和对方合作。但是没过多久，这位朋友就听到些风声，甲方在朋友圈传播了些对自己不利的言论。接下来剧情反转，轮到这位朋友不断打电话找那位甲方，对方竟是一直不接他的电话。于是他就找朋友出面，想要请朋友出面约见来化解彼此间的矛盾，没想到不但对方避而不见，连自己朋友也说不想再掺和。谈到这些，我这位朋友内心很是懊恼、后悔、愧疚，甚至是自责不已，觉得自己以往对甲方太傲慢了，认为都是自己的傲慢惹的祸！

其实，问题的核心并不是他的傲慢！傲慢，只是他对于自己行为的解读，他把自己的这个行为解读为对方会觉得自己是傲慢的。事实上，拖也好，躲也好，包括在和对方沟通过程中的言不由衷，这些都是一种逃避的行为。真正的傲慢，是完全无视对方的存在，对方的言语和行为是影响不到他的。在我看来，不敢直接拒绝对方，体现出来逃避行为的内在反而是一种讨好，而非傲慢。

我问他，"明明这个位置不适合你，为什么你不直接告诉朋友和甲方呢？"他说，对方太有诚意了，觉得直接拒绝的话，怕伤到他们，面子上过不去。所以他在营业位置和商务条件上提出很高的要求，原本是想让对方知难而退，这样即便合作不成看上去也不会是自己这方面的原因，同时也可以维护自己在对方和朋友心目中的形象。事实上，这位朋友真正怕伤到的不是对方和朋友的面子，而是在乎自己的形象。

本来这位朋友给甲方开出苛刻条件的出发点和目的，是为了要保护自己的形象，让对方主动放弃；但是由于害怕会损害到关系，影响到别人对自己的看法，他在行为上体现出来的却是和自己的目的恰恰相反，让对方不断看到合作的希望，让自己在这种尴尬的局面中越陷越深。加上在沟通过程中自己又不坦诚，采用逃避面对的方式，最终的结果恰恰是伤害到彼此的关系，导致自己的形象受损。他之所以会采用逃避的方式，是源于他的另外一个自动化习惯，而这个习惯也是大多数人面对矛盾和冲突的一个常用模式，那就

 **点亮心灯**

> 在生活中，往往会出现类似这样的情况，你越是怕面对什么，最终就恰恰会发生什么！

是在潜意识中认为，只要不去面对矛盾和冲突，它们就会自动解决！而事实上，这只是一个幻觉，典型的鸵鸟心态！

在生活中，往往会出现类似这样的情况，你越是怕面对什么，最终就恰恰会发生什么！就以这位朋友为例，越是怕伤到对方，结果就伤到对方了；越是怕伤到自己的形象，结果到最后就损害到自己的形象。在我看来，这几乎可以说是我们人生中的一个铁律了，在我们身边常常不乏这样的案例。比如，在关系中，一方害怕另外一方离开，往往就会在关系中想要去控制对方，越想控制对方，对方就越抗拒排斥，越排斥越要控制，最终结果往往是关系破裂，导致对方从关系中离开。

这真是怕什么来什么！事实上唯有保持自己行为、目的和出发点的一致性，才能支持我们在人生中得到自己想要的结果。

准备好一支笔和几张 A4白纸，给自己一个安静的时间和空间，然后在白纸上写下：

1. 在你以往的生命中，出现过哪些事情或结果，最初是你不愿意去面对的，但是最后却往往发生了？

从这些事情的发生中，你对自己有什么觉察和发现？

2. 在你的生命中，目前有哪些事情是你不擅长的，你却渴望自己能够有能力去做好的？

你为了做好这些事情，付诸过什么样的行动吗？

有什么具体的方式，可以让你明确地知道自己有能力去做好这些事情吗？

如何改变才能让结果更好？

前不久周末访友，恰逢他们公司在做培训活动，朋友便邀请我给大家做些分享。看到这群爱学习的朋友们，我问大家为什么周末还要安排时间来学习？有的人说给自己充电，有的人说自我成长，还有人说让自己可以更好，也有人说多学点东西总不会错。

沟通下来，绝大多数人都期待在自己人生中可以取得更好的成绩或成就（成果）。当然，这并不意味着他们目前的成果不好，事实上有些人对自己目前取得的成果还是比较满意的。那么，如何可以取得更好的成果呢？在我看来，每个人背景不同，都会有些独有的方法或资源可以帮助自己去拿到更好的成果，这不是我想表达的重点。我想表达的意思是，我们要在哪里或哪个方向着力用功，可以帮助我们更加有效达成自己的目的？这是我们要去探讨的重点所在。

很多时候，我们都清楚地知道，当下的成果不符合期待，也许是关于事业，也许是关于家庭，也许是人际关系等。为了让结果更好，往往也很努力地付诸行动，不过很多时候会发现结果并不是那么理想。我们常常以为是自己还不够努力，于是让自己更加努力地忙碌，最后会看到结果也并没有变得更好。那怎么办呢？让自己更加忙碌吗？有没有其他的选择呢？而事实上，很多时候你会发现自己即便行为上做出调整，往往不但事倍功半，而且很难坚持到最后，让期待的结果发生，有虎头蛇尾的嫌疑。

关键在于多数时候我们的改变只是在行为上做出，而并没有从影响结果的源头上做出改变。 撒切尔夫人有句名言，说的是一个人的思想会影响他的行为，而行为会导致习惯，习惯会养成性格，性格会决定命运。一个人如果思维模式不发生改变，行为模式往往很难有效改变，即便短期内行为上做出调整，却很难真正地坚持下去。思维模式的改变，指的是从一个人的信念和价值观层面开始做出改变。

举例来说，作为父母，如果信奉的理念是孩子的成绩不好，未来就不会有好的人生，或者是孩子的成绩好，未来就会有好的人生，那么势必焦点会放在孩子的成绩上。孩子成绩好，世界充满阳光和爱；孩子成绩不好，天好像要塌下来了，不但家长自己非常焦虑，对孩子也会有很多愤怒和指责。在孩子的眼里，成绩成为家长衡量自己价值的唯一标准。当家长看到这样导致自己和孩子越来越疏远时，为了改善亲子关系便开始做出一些行为上的调整。但是由于在关于成绩和人生价值关系的信念上并没有改变，所以过不了多久，和孩子的相处模式又回到原来熟悉的戏码中。

我们的信念和价值观创造了自己的世界，你的信念和价值观会决定你的思维模式，思维模式会产生行为模式，行为模式会决定结果。改变要从信念和价值观开始，否则结果不会有本质上的差异。就像上面提到的例子，父母如果不能看到成绩好坏并不能决定孩子未来人生价值，并没有在孩子成绩和人生价值关系的信念上做出改变，那么，和孩子的关系并不会变得更好。

前些时候，一个朋友给我电话，说需要我支持她，关于如何更好地和儿子相处。话说了没几句，听得出电话另一头的她已经是控制不住自己的情绪，开始呜咽起来。原来她儿子今天不肯去上学，小家伙拒绝和她沟通，说要回姥姥家去上学。印象中我这位朋友属于比较强势的人，生活中，事业上还没什么事情是她搞不定的，没想到和儿子的有效沟通竟然是她的死穴。

在我们的沟通中我了解到，她儿子今年14岁了，是在姥姥家长大。她在儿子很小时就和孩子的父亲分开，儿子5岁左右上幼儿园时，她就离开家一个人在外打拼，每年回家也就屈指可数的三四次。用她的话说，儿子就是单亲家庭中的留守儿童，读小学二年级时还住在幼儿园老师家中。儿子上初一时，她把儿子接到身边一起生活，刚开始的时候，和儿子关系还好。在一起生活一年多后，觉得自己和儿子之间越来越疏远，她很想走进儿子内心，却束手无策，往往以失败告终。争强好胜的她，不接纳和儿子这种疏离的关系，情急之下不自觉就开启了对儿子强压和命令的模式。最近这段时间，儿子不想上学，想要回姥姥家。

我问她，"你怎么看儿子今天不愿意上学这件事？"她脱口而出，儿子太不争气，不懂得为自己负责任！她很害怕儿子不去上学浪费时间，在她看来，不上学就是在耗费自己的生命！原来，她自己少年时就是因为赌气不上学，走上社会后为此付出过很多代价！在28岁时，如饥似渴地开始学习之旅，她相信人生要有大的成就就必须要学习！

我接着问她，"你怎么看你儿子呢？"能感觉到电话那头的她那一刻泪如雨下，她觉察到自己一直对儿子充满了挑剔和指责，原来在她心目中，儿子就是一个不懂事、不负责任、不听话的坏小子！尤其是当她在外面面临了很大的压力，常常会无意识地把情绪带回家里，对儿子不如自己意的地方更加不接纳。在她心中，一直有一个无形的标准，要求儿子成为她想要的那个样子。她啜泣着告诉我，其实儿子也是有很多优点的，比如善良、可爱、诚实、聪明，

 点亮心灯

　　常常我们用自己以往成长的经验来指导我们教养孩子，或者就用自己的标准要求孩子，或者把自己成长过程中的缺失投射到孩子身上。我们往往都会很想让孩子成长为我们想要的样子，不但对此毫无觉知，甚至还认为这是理所当然的！

特别是很喜欢钻研计算机。

　　我问她，"对你来说，儿子意味着什么呢？"她说，自己还真没有认真想过这个问题，她就是想儿子这几年能够顺利成长，18岁成年后可以独立面对生活。她的责任就是把儿子养大，毕竟今后儿子会有自己的生活。和她沟通的过程中，能感受到她对于母亲这个角色其实还没有准备好，对于如何做好一个母亲是茫然的。我很坦诚地告诉她，在当下我的感受就是她只是在扮演一个监护人的角色，带着补偿歉疚的心态和儿子相处。把儿子顺利养大到他独立，潜意识中是"交作业"的想法和态度，自然很难让儿子感受到无微不至的母爱，所以也走不进孩子的内心世界。

　　他儿子呈现出来的不愿意上学，想回姥姥家生活……所有这些的呈现，其实核心就是儿子想要离开她！一个从小缺乏母爱的孩子，带着对母爱的渴望来到朝思暮想的妈妈身边。而她呢，并没有做好相应的心理准备，更多的

是想交一份看上去不错的抚养成绩单，对孩子缺乏欣赏的眼光。这样的差异，孩子的期待有多强烈，落差就会有多巨大！他只是对于内心渴望得到的母爱感到失望，想离开一个控制、挑剔自己的监护人，回到他之前熟悉的宠爱他的姥姥身边。

帮助她区分好母亲与监护人的角色后，我又问她，"你想要和儿子创造怎样的关系呢？"她一下豁然开朗，告诉我说自己知道该怎么调整了。几个小时后，收到她发来的微信，告诉我，她和儿子真诚地沟通过了，向儿子坦诚自己更多是在要求他，而没有考虑和顾及他的感受与心情；自己当下要做一个好好爱儿子的妈妈，放下监护人的角色。同时，她也请儿子支持她，自己刚开始转换角色，有可能有的时候会做得不够好。

几天后见到她时，她很开心地告诉我，现在和儿子的沟通很顺畅，关系很融洽。而且，儿子在家里较以往也更加独立和有责任心了。看到她开心的笑容，我也由衷地为她感到高兴。很多时候，我们在和孩子相处的过程中，都会有类似的状况发生，常常我们用自己以往成长的经验来指导我们教养孩子，或者就用自己的标准控制孩子，或者把自己成长过程中的缺失投射到孩子身上。我们往往都会很想让孩子成长为我们想要的样子，不但对此毫无觉知，甚至还认为这是理所当然的！

不同的信念，导致不同的结果！有效的改变，从信念的改变开始。

准备好一支笔和几张 A4白纸，给自己一个安静的时间和空间，然后在白纸上写下：

1. 在你的生命中，目前你在哪些领域遇到瓶颈渴望突破？

有什么目标是你一直想要做到的吗？在这些领域目前的结果是怎样的？

2. 你看到在这些领域影响到你的结果达成的信念是什么？请把这些信念都写下来。

CHAPTER | 第二章
TWO | 人生迷雾背后的陷阱

引言

　　在我们的生命中，时常会有身处迷雾中的体验，很难看清外在的迷幻世界。那英有一首歌《雾里看花》，歌词写得很好，"雾里看花水中望月，你能分辨这变幻莫测的世界？涛走云飞花开花谢，你能把握这摇曳多姿的季节？借我借我一双慧眼吧，让我把这纷扰看得清清楚楚明明白白真真切切！"

　　外在真假莫测变幻无常的世界让我们很困扰，**我们都期待能够有一双慧眼，可以透过迷雾看清外在世界本来的面目。**而事实上，外面的世界除了你自己并没有别人。这句话也许不是那么好理解，我来举个例子，通过这个例子你会发现，你就是你自己的世界源头，你所有的现状都是自己创造的结果。

　　我有一个学员，一直以来对他太太有一个看法，认为她很不善解人意，时常会和太太发生口角，甚至是严重的争吵。他们俩的相处模式很容易情绪化，往往是在一起说不了几句就会相互指责，然后"战争"不断升级。

　　他们夫妻俩都是我的学员，太太先过来学习，然后要求自己的先生也过来学习。通过学习，他发现问题的根本是自

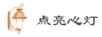 **点亮心灯**

　　你为自己创造了一个怎样的世界，不仅仅取决于你对外在世界的看法，同时也取决于你对自己的看法。

己对太太的偏见，他看到自己潜意识中一直都认为太太不理解自己，所以往往两个人对同一件事情有不同看法时，他就会对太太很不满，开始情绪化，对太太进行挑剔和指责，两人之间的争吵和冷战越来越多。这样的状况让他很难受，也很愤怒，更加认为太太是个不可理喻的女人！不但两个人之间的关系越来越差，距离也越来越远；同时，他也更加消极，不愿意和太太有更多的沟通。

　　他发现源头其实在于当两个人对同一件事情有不同看法时，他自己总是要去和太太理论个对错，好像不这样做自己就输给了对方，显得自己很无能。

　　让我印象很深刻的一件事情是，有一天他给太太通了一个半小时的电话，两个人达成的共识是要对彼此多一份好奇心，当有不同意见时愿意诚实开放地分享彼此意见背后的声音。他告诉我，他内在真正渴望的是家庭幸福，他明确自己进入婚姻的目的是要给太太幸福，而不是证明自己是对的。

当他明确自己的目的，对太太的态度越来越包容、理解和信任，多了份关心和体贴，两个人越来越和谐，关系中充满了爱。他告诉我，自己不再那么情绪化，对太太不但懂得了关爱和包容，而且愿意更加主动和太太沟通，感受到重新找回了当初两个人恋爱时的开心和幸福。

我还记得他刚来上课时留给我的第一印象，整个人看上去很压抑沉重，脸色阴郁麻木，显得心事重重的样子。当他对太太的看法开始发生改变，他的世界就开始改变。现在，在我面前还是同一个人，却是完全不同的呈现，嘴角上扬，脸带微笑，整个人看上去开朗乐观了很多。不仅他个人发生了变化，他和太太的相处也有很大的不同，两个人越来越融洽和谐。

你对外在世界的看法，会决定你所处的是一个怎样的世界。而事实上，你为自己创造了一个怎样的世界，不仅仅取决于你对外在世界的看法，同时也取决于你对自己的看法。

我们生命中的迷雾的产生，都是有原因的，究其根本，每一团迷雾的背后，都有一个陷阱。而正是这一个个陷阱，在我们的人生中产生出团团迷雾。这一团团迷雾，让我们对自己身处的陷阱一无所知。要看清人生的迷雾，首先就要看清楚自己所处的陷阱，很多时候，这一个个陷阱恰恰是我们为自己准备的。

接下来，让我们对在自己生命中不断产生迷雾的这些陷阱做一一的探索。

我不够好

我是"丑小鸭"

我们的人生中，有很多陷阱都是自己一手造成的。很多人在潜意识中有一个信念，就是认为自己是不够好的！终其一生都在这个陷阱中挣扎，不曾真正看清这个陷阱，甚至是对这个陷阱一无所知，一辈子都生活在认为自己是不够好的阴影中。

相信很多人都看过一则"丑小鸭"的寓言故事，说的是有一只天鹅蛋在鸭群中孵化了，小天鹅一直以为自己也是一只小鸭子。可是由于它长得和其他的小鸭子很不一样，其他的小鸭子都觉得它很丑。这只长得很不一样的"小鸭子"不被鸭群接受，被排挤和嘲笑。它因此觉得很自卑，也相信自己是丑陋的，它只好从鸭群中逃开去流浪。在独自流浪的过程中，丑小鸭遇到过很多磨难。直到有一天，它遇到一群美丽的天鹅，它们在向它呼唤。当它向水中自己的倒影看去的时候，它才发现自己已经长大了，不再是那只丑小鸭了，而是一只美丽的天鹅！

 **点亮心灯**

这些童年时期就形成的信念，并不会因为我们长大了就消失，反而扎根于我们的潜意识中，不知不觉地影响我们的人生，从过去到现在，如果不出意外的话，还会影响到未来！

事实上，这个寓言故事在今天同样适用，在我们身边有很多美丽的"丑小鸭"，也许，你就是其中的一只，你一直不敢相信在自己身上的与众不同，是一种独特的美的存在。也许当你身边的人告诉你，他们在你身上看到美好的时候，由于你自己内在的不相信，所以，不管别人说什么，你都不敢相信那就是真的，会认为别人说的只不过是一个善意的谎言。甚至你会因此而对对方心存不满和厌恶，觉得对方在说谎。甚至你认为对方是另有他图，所以和对方刻意保持距离。

在一次活动的带领中，我邀请参加活动的朋友一一站起来介绍自己，以及他们来参加这个活动的目的。所有人都告诉我，来的目的是想要复习过去学到的知识，在今晚有机会可以做一些相应的练手，没有任何人提到说自己有案例想要被支持。在接下来的活动中，有一位女生告诉我，她其实是带着自己想要被支持的案例过来的。我很好奇地问她，刚才分享来的目的的时候怎么没有提到这个需求呢？她显得有一些拘谨，怯生生地告诉我，她听大家都没有说到有案例要被支持，觉得自己要是讲出来的话，会被认为和别人不一样。我接着问她，在她看来，如果她的想法和别人不一样，代表着什么呢？她涨红着脸说，这样的话，她会觉得自己很另类！我接着问，觉得自己很另类又会怎么样呢？她告诉我，自己很另类的话，就会被别人用很异样的眼光看待，别人就会看不起她。

原来，在她的信念中，只要和别人不一样，自己就是另类，就是不够好的，就会被别人用异样的眼光看待，就会被别人看不起。所以很多时候，在团队中，或是和别人在一起的时候，当需要表达自己意见的时候，她都尽可能说和别人差不多的话，或者就是逃避表达自己的观点，让自己隐藏在人群中。我问她，她所有的那些关于和别人不一样的想法，是事实呢，还是她自己的信念和演绎？的确，所有那些关于和别人不一样的负向看法，只不过是她自己内心的演绎，只是信念而并非事实。而这些负向看法的形成，来源于她成长的经历，在她的记忆中，小时候的家庭环境和条件不算好，觉得自己和身边很多人不一样，常常感觉被别人瞧不起。所以，"和别人不一样"就好像是她的一个魔咒，当她认为自己和别人不一样时，就会自动化地失去自己的力量，变得很不自信，变成那只"丑小鸭"。

帮她做好这个区分之后，我接着问，对于和别人不一样，你还可以有些什么看法？她说道："我是独特的，我可以接纳自己和别人是不一样的！和别人有不一样的看法是很正常的，每个人都可以有自己的看法，我是可以表达我自己的看法的！"大家都能感受到勇气和力量在她身上产生，体验到她说这些话的时候内在的喜悦和自信。她看到，以往她一直在用童年形成的认知和信念指导现在的人生。

我是没用的

在我们每个人的心中，都有一个小孩，他／她渴望在外面的世界面前展现自己最棒的一面。同时也很害怕让外面的世界看到自己最不想让别人知道的一面，很害怕听到别人对自己这一面随之而来的评价。

多年来，我就知道，我心中的小孩最怕的就是犯错，特别是怕在我所敬重的人面前做错事，最怕听到他们对我说"你错了！"或是"你没做好！"要知道，你的内心小孩最怕听到的别人对于你的评价，恰恰是你内心中最恐惧的对于自己的看法！就像我，我害怕听到别人告诉我"你错了！你没做好！"其实投射出来的是我最核心的恐惧，我对于自己一直有一个看法，就是我是不够好的！这也是多年以来，我深埋内心的秘密，为了逃避这个核心恐惧，我多年来一直努力在外人面前，展现我认为自己应该具备的所有的优秀特质。事实上，我们每个人心中的小孩所害怕的，和别人都会有所不同，你知道你内心小孩最害怕的关于自己的是什么吗？你想要知道吗？不去面对，就无法完成穿越！下面这个小故事也许可以对你的自我发现有些帮助。

有一次我和太太一起，和我的两位学员，A 先生和 B 女士，我们4个人相约聚会，巧合的是他们也是一对。这对夫妇很优秀，A 先生思维敏捷，激情张扬，处世灵活，语言很有感染力，行动力很强且善于创新；B 女士聪明秀丽，亲和力强，做事认真细致，有立场负责任，既顾家又尽心尽力帮先生打理公司的行政事务。两人白手起家创业，刚起步时，由于担心影响到客户对公司实力的评估，都不敢告诉客户他们俩之间的真实关系。经过多年打拼，他们公司在客户心中建立起良好的口碑，在同行中排名稳居前几位。

我们一起吃饭喝茶，聊得很放松。A 先生聊到说他们家4个女人有一个很有意思的现象，长一辈的女人一旦有情绪，下一辈的女人也就会跟着有情绪！比如说，如果哪一天岳母很有情绪，太太，也就是 B 女士，这一天必定会情绪也好不了。从太太的姥姥到太太的妈妈，再到太太和他们自己12岁的女儿，莫不如是！ B 女士说的确是这样的，如果自己哪天看到妈妈心情不好，肯定不会愿意先回家，有时会打个电话给先生，要他先回家想法子让妈妈情绪好点，要不回家肯定压抑难受得很！

这真是一个很有意思、值得探究的话题！我就问 B 女士，只要妈妈有情绪，自己也就会跟着情绪不好的原因是什么？ B 女士很认真地想了想，告诉我们，当她妈妈情绪不好的时候，她就会觉得好像是因为自己做错了什么，所以才会惹得妈妈不开心。然后她讲起一件最近才发生在她和妈妈之间的事情，当她在讲的时候，透过她的眼睛，我能感受到她此刻内心的委屈，尽管三十好几的人了，而她此刻分明就是个受委屈的十几岁的小女生。

我接着问她，当觉得自己做错事情，感受到委屈时，会给她带来对自己怎样的看法呢？看着她略有些不解的眼神，我举例说，比如有的人会觉得自己是可怜的，有的人会觉得自己是不重要的，有的人会觉得自己是被遗弃的等，我问她听到哪个词时内心会最有触动？

的确，我是在引导她，我在引导她内心中的那个小孩去发现自己最恐惧的对于她自己的看法！当你觉察到自己处在类似愤怒、后悔、愧疚、自责的情绪中时，也不妨采用类似的问题问问自己，做一些自我的觉察，看看是什么样的对于自己或别人的看法引发了自己的情绪？而最能够触动你内心那个感应器开关，在你心中引发强烈共鸣的词，就是你的内在小孩最核心的恐惧！

B 女士一边逐一说着我给她示范用的词语，一边用心去体会每个词带给她内心的感觉和体验。说完之后，她摇摇头，说内心一直很平静，没有什么大的反应。我继续问她，当你觉得自己做错了，那会给你带来什么样的对于自己的看法呢？她的眼中慢慢地开始有了泪花，而且泪水越来越多，"我会觉得自己很没有用！"她带着略显颤抖的哭腔说。

我看着她的眼睛，很认真地告诉她，"你是没用的！"听到我这样讲，她的泪水好像决堤的水一样瞬间夺眶而出，她呜咽着说，"是的，这么多年来，我一直很怕自己在别人心目中没有价值。"

她像我一样，在农村长大，从小到大，很崇拜母亲。从小时候起就在内心很渴望得到母亲的认可。她母亲从小就教导她，作为姐姐要给弟弟做一个好榜样，她也一直很努力让自己表现得让父母放心。长大后外出工作，和男朋友也就是 A 先生谈恋爱，第一次带男朋友回家见父母，他们也并没有明确反对。带男朋友回家后的那一年春节，是在 A 先生家过的，结果令她没有想到的是，后来父母竟然非常反对他们继续交往，甚至是口出恶言，让她很伤心。以前她一直认为父母对她是很放心的，她是很懂事的。发生这件事情之后，她选择相信自己在父母心中是不重要的。后来不顾她父母的反对，他们最终成家生活在一起，并用自己的实际行动重新赢得了她父母的认可和支持。

为了支持先生的事业，她放弃自己原本做得很有起色的网店生意，转而和先生一起创业。刚开始的时候，考虑到公司形象，不敢让别人知道他们的真实关系，久而久之就变成了一种习惯，甚至先生的朋友们也很少有人知道内情。随着事业的发展，A 先生身上的光环越来越多，而她自己的真实身份都没有人知道，她感受到在先生的很多朋友和客户眼里，别人只当她是一个行政。她觉得自己没有得到应有的尊重，常常自怜自艾，觉得自己就好像大明星身边一个跑龙套的小配角，可有可无没有价值！

她说到这里，我听到身边的太太也发出了感慨！我知道，B 女士的倾诉，引发了我太太的共鸣！我们曾经也有过很长一段时间类似于他们的经历，我整日忙于自己的工作，很少和太太一起活动，我的很多朋友并不知道我太太是谁。并不是我自己刻意隐瞒，很多时候只是因为自己觉得这些并不重要，没有真正考虑过太太内心的感受。以前我认为男人就是要拼命赚钱养家，换大房子，开好车子，没有别的女人就是对太太好！太太有时莫名生气，我就觉得很烦躁，认为女人就喜欢无病呻吟、自寻烦恼！我相信很多男同胞会有和我同样的感受。现在回过头来看，发现自己真的是个非常自以为是的固执家伙，毫无生活的情趣！其实是自己没有学会换位思考，没有去用心体会太太内心的感受，自然也就无法让太太收到被尊重和关爱的感觉！

其实这些年来，B女士对于家庭和事业的贡献是有目共睹的，只是因为她内在自我价值的缺失，让她把焦点放到寻求外在的认可和肯定。我还记得差不多2个月前，我和她曾经有过一段对话，我问她来学习的目的是什么？她说让自己可以更加优秀和智慧。我问她成为一个更加优秀和智慧的女人有什么价值？她说可以更好地支持先生的事业，更好地帮助女儿成长。这就是大多数传统中国家庭女性对自己的定位，她们人生的重心都是围绕孩子和先生，却唯独忘了自己，把自己活得像个牺牲者！一旦自己的辛苦付出没有得到认可和肯定，比如说孩子没有达到自己心目中的标准，先生事业不成功，或是觉得自己没有得到先生应有的尊重和关爱时，要么就会觉得自己的付出都是白费力气，因此内心失衡，总是抱怨和指责；要么就会觉得自己的人生黯淡无光。那么问题来了，如果你自己都没有把自己放在一个很重要的位置，都没有真正地尊重和关爱自己，又怎能希望别人来尊重和关爱你呢？

B女士一旦害怕自己没有价值，就会引发自己内心最恐惧的那个开关，从而被自己的负面情绪所控制。她要学习的，一方面是正视自己的价值，学会欣赏和爱自己；另外一方面就是学习面对自己在某些情况下可以是无能为力的。比如我，以往二十年的房地产销售经历，自然在房地产投资领域是很专业的，可是在金融投机领域，比如炒股，我是逢炒必亏！在炒股方面，我认为自己比白痴强不了多少！我承认自己在炒股方面是很无能的。我要她每天起床后或是睡觉前，一个人洗漱的时候，面对镜子中的自己，看着自己的眼睛，大声告诉自己，"我是没用的！我是没用的！我是没用的！"也许她刚开始做这个练习时，依然会有情绪上的反应。但当她不难受，甚至能够感受到轻松和幽默时，这个开关对她来讲，就不会再是一个问题了。她很开心地答应我说，一定会坚持做这个练习的。

如果你也很害怕让别人觉得自己是没用的，不妨你也试一试这个练习。当你愿意允许自己也可以有时在某些方面是没用的，用一个幽默的心态面对自己的没用，生活无疑会轻松很多！敢于面对和承认自己没用也是有好处的，至少不用打肿脸充英雄，还会有机会得到别人的帮助，而且不会让自己那么纠结。重要的是，敢于面对自己的没用，才有机会在当下学习和发展，可以让自己接下来变得有用！

我是不重要的（不值得的）

我有一位朋友，她母亲生她的时候难产，在医院急救后捡回一条命，生产后大病一场。出生后她就一直和父亲一起生活，母亲带着哥哥在另外一个城市生活，一家四口分居两地，这样的日子持续到她6岁时才改变。

在一起生活后，母亲告诉她，他们俩以前不能在一起生活，只要在一起，她（母亲）就会生病，和哥哥在一起身体才会好。在一起生活之后，家人和街坊有时候时不时地取笑她，说她是爸爸从外面捡回来的没有人要的小孩。所有的这些，在她的心里埋下了一颗种子，"我是不重要的""我是不值得被爱的"，这些就像是一个魔咒紧紧缠绕着她，导致她的内在自我价值很低。同时，这又给她带来一个更大的心魔，就是恐惧在关系中被抛弃。

这一直影响她到现在，第一段婚姻的失败，后面情感上的挫折，其实都和她的这个模式有关。只要对方没有满足她的期待，就会触发她的这个模式，由于恐惧在关系中被抛弃，所以一方面会把对方牢牢抓在手里，期望控制可以给自己带来更多的安全感；另外一方面，当认为自己无法控制对方时，就会率先从关系中决绝地离开。尽管，离开并非是她内心所愿。这就像是一个怪圈，她一直在这个怪圈中走不出来。

这种现象，我们在心理学上称之为"反向形成"，指的是一个人无意识的冲动在意识层面上向相反的方向发展。在这样的模式下，一个人的外表行为或情感表现与其内心的动机欲望完全相反。通俗地说，就是总是做着和自己的目的相反的行为，这也是我们人身上存在的一个很大的盲点。这种现象的源头，往往与自我价值低有很大的关系。

结语

每个内在自我价值缺乏的人，潜意识中对自己都会有"我是不够好的""我不行""我没用""我不值得"，或是"我是不重要的"等诸如此类的信念。这些信念很早就形成了，甚至是在童年时期就已经产生。

这些童年时期就形成的信念，并不会因为我们长大了就消失，反而扎根于我们的潜意识中，不知不觉地影响我们的人生，从过去到现在，如果不出意外的话，还会影响到未来！

我有一位学员，她的父亲是个残疾人，由于父亲的缘故，她从小到大都觉得别人看她的眼光是异样的。她的内在同样有一只丑小鸭，这让她从小很自卑，缺乏自信，不相信自己值得拥有美好的东西。这样的看法，一直在影响着她的人生，包括事业和婚姻。

我还有一位学员，从小被父母遗弃，是养父把她抚养成人。尽管养父对她很好，但是在她的内心始终有一个对自己的看法，就是"我是可有可无的"。这样的看法深植内心，让她潜意识中对自己怀疑和否定，很难相信别人是真的对她好。这个信念一直在影响着她的人生，导致她在感情中很难完全投入。

我们如果对于自己这些在童年时期就形成的潜在的信念没有觉察的话，这些信念就会不断地发挥作用，甚至于在今后成长的过程中，你会不断收集更多的证据，证明自己就是对的。但是，你却忽略了一个事实，就是你已经长大成人了。为了让自己现在的人生更加有效，你需要更新你的信念，特别是那些童年时期形成的，影响到你现在的人生结果的信念。

打个比方，你在童年时形成的这些信念，好比是一幅心智地图，而且是20年前的地图。假设你现在身处上海，如果不对这些童年形成的信念做检视和更新，这就好比你拿着20年前的上海地图来到2018年的上海旅游，等着你的一定会是迷路和无助。因此你要做的就是，不断更新自己的心智地图，才能为自己找到准确的人生道路和方向。

"我是不够好的""我是不行的""我真没用""我是不重要的""我不值得""我可有可无"等，这一类的信念产生的陷阱，我们统称为"自我价值的陷阱"。这无疑是形成人生迷雾的一个非常关键的部分，提升自我价值可以帮助我们走出这个陷阱。

准备好一支笔和几张 A4 白纸，给自己一个安静的时间和空间，鼓励你诚实面对自己思考下面的问题，并且在白纸上记录下你认为有必要的：

1. 自我检视，在你的内心深处，是否也对自己存在与下面列举的信念相类似的看法？

例如，"我是不够好的""我是不行的""我真没用""我是不重要的""我不值得""我可有可无"等。

2. 这些对自己的看法，它们是如何形成的？与你的什么童年经历有关？你选择相信这些看法的原因是什么？

3. 这些对自己的看法，让你在过去的人生中，为自己付出了怎样的代价？

4. 对于这些对自己潜藏的看法，你接下来的选择会是什么？

我还没有准备好

"我不够好"这个潜意识中的陷阱，的确深深地影响到我们的人生，影响到我们内在的自我价值，导致我们对自己产生自我怀疑和自我否定。

而这会给我们带来人生中的一个课题，就是"自信"的课题。自我价值的缺失，导致我们在面对人生中的机遇时，产生很大的不确定性，往往在机会到来时犹豫不决，最终导致机会流失。

这就是我们人生中产生迷雾的另外一个陷阱，我称之为"我还没有准备好"！

在我们的人生中，常常不乏这样的一些场景：有一天，你去参加一个大型的研讨会，当台上有人提问与台下互动时，你很认真地听完每一个问题，尽管你的内心中也有分享的欲望，甚至有的时候内心很激动，很想站上去表达自己的观点，想让别人注意到你，但是最终你只是让自己坐在座位上，什么都没有做，没有举手，没有上台，没有任何行动，除了在自己的脑海里与自己不断打仗！

又或许是你很希望去负责公司里的一个项目，这一天公司领导召集你和其他几个竞争者一起开会讨论，要听听你们的意见。当你一直在琢磨该用怎样完美的语言来表达时，你很惊讶地发现，在你前面发言的人把你的想法都已经完全表达出来了。最后，你涨红着脸说，你的意见和他们一样。最终的结果是怎样的，想必我不说你也猜得到，那就是这个项目与你无关了。

又或许是你暗恋一个姑娘已经很久了，每每看到她的身影，听到她的声音，你就会莫名地悸动。你强压着向对方表白的冲动，因为你不知道对方会不会拒绝你，不知道当你表白后对方会怎么看你。过去很久以后，终于有一天，当你鼓足勇气告诉对方你喜欢她的时候，她微笑着告诉你，谢谢你，她前不久已经有男朋友了。

就这样，你发现自己可能是这个世界上最不走运的人，你渴望在自己的生命中去把握机会，但是你无奈地发现，自己的生命中总是没有机会！于是你感叹自己人生际遇的坎坷，抱怨命运的不公，甚至后悔当初为什么不去做自己想要做的事情。而生活就像被施了魔咒一样，不断重演着以往经历过的一切，每天都看着机会与自己擦肩而过！你很想改变这一切，你不甘心自己的人生总是充满错过与遗憾！但是，你好像不知道该怎么办！

有一句话说得好，"外面的世界与别人没有关系，和你怎么看这个世界有关！"不但如此，更和你怎么看你自己有关！之所以会在你的生命中一再上演和上面类似的情景剧，是因为你一直在告诉自己，"我还没有准备好！"每一次当机会来到你的面前，当你准备伸出手去抓住它的时候，就会听到有一个声音告诉你自己，"我还没有准备好！"你希望能够完美地把握住每一个机会，总是觉得自己还不够好，还不够有条件或能力，总是觉得自己还不够这样或那样。就这样，在你想要有一个完美开局的时候，在你想要有足够好的开始的时候，机会就一次次毫不例外地从你的指尖滑过。

 **点亮心灯**

　　人生中真正准备好的时刻，就是你真正下了一个决定，承诺自己此刻无论如何都要为目标开始去行动的时候！

　　问题是，人生中真的有完全准备好这样的时刻吗？如果你已经步入婚姻殿堂，我想问你的是，你是在一切都是最好的时候进入婚姻的吗？两个人的感情是最好的时候？一切条件，不管是物质的，还是感情上的，都是在最好的时候吗？如果你已经自己开始创业，你是在有最充裕的资金、最好的项目、最充分的客户资源、最完美的团队准备……这些条件都已经具备的时候才开始创业的吗？显然不是！不信就看看自己身边的朋友吧，一直想要等具备最好的条件才买房的人，到现在还没有买房；一直想等条件成熟再结婚的人，到现在还没有结婚；一直想什么都准备好才开始做老板的人，到现在还在给别人打工！

　　我从2015年7月开始辟谷，每次辟谷3天，在这3天中除了喝水和每顿3颗红枣外，不再有任何其他进食。在这3天，我照常工作，甚至有的时候还在讲课。我很多朋友觉得不可思议，看到我辟谷以后的身体变化，他们也很有兴趣想要尝试，每次等到我要开始辟谷前通知他们做准备时，很多朋友都会告诉我，这个月还没有准备好，等下个月再说。我笑笑，因为这已经是他们第 N 次告诉我同样的答案了。

我自己深有体会，当我告诉自己还没有准备好的时候，我的心态上就会是犹豫、迟疑、没有信心，自然就一直拖延，当然也就不会发生我想要的结果。而当我告诉自己，好吧，也许这不是最好的开局，但就去做吧，我相信自己可以做到的。当我这样告诉自己，我的态度就会很坚定，行动就很果断，结果自然比较容易达成。"我还没有准备好"，其实就是我们给自己找的最好的可以不开始行动的理由和借口。而且很有意思的是，当你告诉自己还没有准备好的时候，当你想要的结果没有发生，你就会选择假装看不见，从而可以让自己继续心安理得地等待下一个机会。只是从此，你就开始习惯被动等待，然后错过机会，然后再一次告诉自己，"我还没有准备好"。

当你在人生中面对自己的目标的时候，要么就是为自己做不到目标找一个合理化的理由和借口，要么就是聚焦在目标怎样才可以达成！人生中永远不会有完全准备好的时刻，"我还没有准备好"，这句话只是你用来为自己做不到而推卸责任的借口！人生中真正准备好的时刻，就是你真正下了一个决定，承诺自己此刻无论如何都要为目标开始去行动的时候！

我们内在的顾虑

很多时候，我们之所以会有类似"我还没有准备好"的想法，是因为内在有很多的顾虑。而正是这些顾虑的存在，成为我们把握机遇道路上的拦路虎和绊脚石，导致我们往往在机遇面前裹足不前，以致最终与机遇失之交臂。

就拿我自己来说吧，早在2012年的时候我就有意向成为一名专业的培训师，那个时候我和朋友合伙在上海经营一家房地产经纪公司，我是大股东，公司规模一度达到近30个人；由于我们公司主要在上海从事办公楼、工业厂房和商业地产的租售中介及代理业务，有很多资源上的便利，于是后来又和另外几个朋友一起合伙开了一家工装公司，专门为经纪公司的客户提供后续的房屋装修服务。

从2012年起直至2015年，在这3年期间是一个我为自己规划的平衡期，在这个平衡期大部分时候我是在忙碌、压力和焦虑中度过的。在这3年里面，我要管理经纪公司，要协调工装公司，还要保持足够的学习训练的时间，为了平衡好三者之间的关系，当然还要照顾好自己的家庭，可想而知要面对多大的压力！后来在2014年初，我退出工装公司，在2015年10月我关掉了经纪公司，开始全力以赴学习训练，最终我在2016年底开始独立带领训练。

从现在的情况来看，我如果尽早做出决定，将大大缩短这个平衡期。事实上，在规划平衡期的时候我并没有很明确的时间考量，其实我的内心深处是不想放弃自己的房地产经纪业务的，毕竟从1996年重新回到上海开始，我就一直在房地产行业内奋斗，而且取得了还算不错的成绩。我给自己规划平衡期的出发点，是不想让自己太冒险，毕竟在训练学习期间没有收入，而且还需要支付不菲的学习费用。我个人认为，如果一开始就把自己原有的事业全部放弃，这样太冒进了，会影响到家庭的生活品质，这是我最大的顾虑。

另外还有一个顾虑，听行业内的前辈描述，要成为一名优秀的训练师是需要很长的一段时间学习和实操的，我担心万一自己迟迟无法成为一名训练师，而原有的事业又放弃了的话，这样风险太大，得给自己留一条后路。

基于上述的这些顾虑，因此，我选择了自认为比较稳妥的做法，就是不放弃房地产业务，慢慢从工装业务退出，其他时间学训练。任何选择，都是一体两面的，只要有好处，就会带来代价。这样是由于自己内在有恐惧，害怕万一学艺不成自己两头落空。这样做的好处是我减低了风险，但是代价也相应而来。

首先，我的房地产业务团队发现我在公司露面的时间越来越少，对他们的支持也越来越少，过去我只要有时间就会陪他们出去谈业务，现在不但没时间陪他们谈业务，而且连见我一面都越来越难，因为我把大量的时间用在训练师的学习上。于是公司内部开始慢慢地人心不稳，逐渐有不少业务骨干离开，人员流失的同时公司业绩也不断下滑，这让我越来越焦虑。

同时，我发现自己因为受到公司业绩下滑的影响，在学习训练的时候越来越难以集中精力在学习上，更谈不上全力以赴了，这让我自己的训练师学习也停滞不前。我感觉到自己好像在原地踏步，难以突破自己的瓶颈，这也让我很焦虑。

我很早就确定了自己的训练师学习方向，2011年给 Calvin 做助教时看到学员通过仅仅4天的学习就产生的巨大变化，点亮了我要成为一名像他一样的训练师的想法，从此开始踏上训练师学习的道路。当时由于 Calvin 不在上海，我一直没有主动联系他，内在有很多的顾虑，很担心团队伙伴会怎么看我。直到2015年的春天，我接到 Calvin 的电话，于是我下定决心，然后才有了后面的一连串决定。

我问自己，接下来我的人生愿景是什么？我的人生使命是什么？我要让自己的人生有怎样的意义？我相信自己的选择吗？那么接下来我的目标是什么？问清楚自己这些问题后，我毅然做出选择，在做出选择的那一刻，我体验到自己内在的平静和笃定，我的内心不再焦虑和恐惧。

从2015年的7月开始，我跟随 Calvin 专注一阶训练师的学习，然后在10月把公司关掉，全力以赴开始了将近一年半的忙碌生活。除了台北的课室没有每次必到，上海、广州的课室我都跟随在 Calvin 的身边。非常感谢在我做出这个决定之后，我的太太给予我的理解和支持，没有她这个坚实的后盾，我的训练师之路不会如此精进。

我太太其实很喜欢我陪在她身边的感觉，1988年我们高中同班学习，除了1991至1995年我们在不同的城市求学之外，从1995年以来我们就一直在一起，很少有长时间的分离。从我跟随Calvin专注训练师学习以后，将近两年的时间中，大部分月份我至少有半个月不在家，甚至有时候一个月在家的时间不会超过一个礼拜。

太太可能会因为不能接受长时间的分离而对我有怨言，这其实也是我之前存在的比较大的顾虑。而事实上，在和太太沟通我的想法时，她不但没有反对，而且告诉我她会全力支持我。非常感恩太太对我的包容和理解，她是这个世界上最懂我的人，没有她对我的支持和对家庭的付出，就不会有我今天的成绩。

同样非常感恩Kelly和上海崇道学府的3位创始人（珊珊、正伟、鸿远）对我的支持和包容，一直给我机会成长。怀念在训练师学习道路上一起做学徒的那段岁月，永远铭记在心。

以我自己为例，事实上成为一名一阶训练师一直是我的目标，当我自己内在有很多顾虑存在，而且把焦点放在顾虑上时，我在那3年平衡期一直在考虑如何可以让自己不用那么冒险，想要消灭自己内在的不安全感。因此，在那3年平衡期我越是抗拒内在的焦虑感和不安全感，越是感受到更多的焦虑感和不安全感。

接下来当我对于自己的愿景有承诺，把焦点放在自己的目标上时，那些问题依然存在，对家人的陪伴会减少，收入会降低，没有谁可以保证我两年内可以学成等。过去这些顾虑让我瞻前顾后、畏首畏尾，但是现在这些顾虑不再是我的干扰和障碍。事实上，当我全力以赴的时候，我提前实现了自己的目标，原本两年的规划，我一年半左右就达成了。而且在这一年半的时间内，虽然陪伴家人的时间减少了，可是陪伴的品质提升了。陪伴的时候，我就专注陪伴，把所有的焦点都放在如何创造出更好的体验和感受上。

结语

重重的顾虑，就像团团迷雾，让我们看不清楚眼前的方向和目标。顾虑之所以会成为障碍，是因为潜意识中我们认为，如果不把所有的顾虑消除，就不会成功，就会失败；把所有的顾虑都消除，这样的开局才完美。而事实上，从来都不会有完美的开局，除非放弃自己的愿景和目标，否则顾虑永远存在。焦点放在顾虑，永远不会有冒险和突破，新的可能性不会产生，人生中除了拖延就是等待！

最可行的选择，就是带上所有的顾虑和目标一起前行，你会发现这也是一种学习和成长。当你对自己的愿景和目标有承诺的时候，你会发现，你已经做好准备了！

练习
PRACTICE

准备好一支笔和几张 A4白纸，给自己一个安静的时间和空间，诚实面对自己思考下面的问题，并且在白纸上记录下你认为有必要的：

1.想想看，你自己最近半年最重要的目标是什么？把它们都写下来。

2.诚实面对自己，这些你刚才写下来的目标，早在多久以前就有了？

3.一直没有行动的原因是什么？写出你自己认为最大的几个顾虑。

4.接下来你的选择是什么？

我是对的

我们常常是用二元对立的思维来思考问题，要么是好，要么是坏；要么是对，要么是错。正是因为这种二元对立的思维习惯，导致在潜意识中有一个渴望，就是要证明自己是对的。因为潜意识中认为如果自己不是对的，那就一定是错的，错的就是不好的，因此很恐惧看到自己是错的。

特别是在关系中，更加会在意谁对谁错，潜意识中的信念是"谁对就要听谁的""谁对谁有理，谁对谁有控制权"。因此，很多时候自动化的习惯就是要在关系中分出个好坏对错，很多时候为了证明自己是对的，甚至可以连结果都不要。

"我是对的"，是在我们人生中不断制造迷雾的另一个重要的陷阱！在人生中，我们一个很大的自动化就是往往要对不要赢，为了证明自己是对的，往往连自己要的结果都忘记了。

我是对的！（你要听我的！）

我儿子已经18岁了，平时住校，周末才回家。太太很喜欢儿子，小伙子长得越来越高，越来越帅，也越来越懂事。不过有一件事情，总是让太太和我忍不住要对他念经，就是头发哪怕再长他也不肯去理发。

和同龄人相比儿子发育得比较快，不熟悉他的人冷不丁看到他满头的卷发和浓密的小络腮胡，还以为他有多成熟，开口说话才知道他还是个大小孩。有一个周末儿子回到家，看到他满头鸡窝状杂乱的头发，以及胡子拉碴的样子，我要他去理发和刮胡子。儿子说不干，我们说头发太长，胡子拉碴的看上去不够阳光、不帅气、很邋遢！儿子坚持着说，那是你们的看法，不能代表他，他有自己的看法，他觉得这样很酷很帅。

在儿子坚持的那一刻，我体验到自己内心开始在生气。反了！才多大的屁孩子，竟然开始不听老子的话了！强压住火，我下命令了，必须理掉！儿子的反应也更激烈了，凭什么？我长大了，这是我自己的事，我要自己做主。

突然，我发现这个场景好熟悉，当年自己也是同样舍不得理掉那一头自我感觉很帅的微卷的长发，也和爸爸妈妈说着差不多同样的话据理力争！想到这里，看着儿子一脸愤愤的样子，我差点笑出来了。同时在这一刻，我也看到我还是在用自己的标准要求儿子，还有对儿子的表现不符合我的标准时的不接纳。看到自己对儿子的强势和控制，我反而在此刻平静了下来。

很早以前我就发现我们一直在用自己的标准要求儿子，一直在告诉儿子你应该做些什么，你这些事情应该怎么做才是对的。当儿子有不同的想法时，也总是打着爱的旗号，实际做着控制的事情。老爸老妈这样要求你，都是为你好！你要相信爸爸妈妈！所有爱的背后，潜藏着一句话，就是，"我是对的，你要听我的！"

接下来我心平气和地告诉儿子，没关系，不想理就不要理吧，不过老爸想了解一下，你自己是怎么看这件事情的？我带着好奇心，调适好自己的心态开始和儿子沟通，了解他留长发和蓄胡子的原因。了解到儿子真正的出发点后，我开始和儿子沟通，要达到他想要达成的目的是否还有其他的方式？这样做是否有必要？中立看待自己目前的形象，你觉得怎样？最后儿子告诉我，他会在下一个周末理发，现在立刻去洗手间把胡子刮掉。

当我不愿意放下爸爸的架子，在儿子和我有不同观点时，我越是要去证明我是对的，让儿子一定要听我话的时候，儿子就越是逃避和抗拒与我沟通。当我开始面对儿子已经长大，他开始有自己独立的思考时，愿意接纳儿子的观点可以和我的观点不一致时，反而儿子愿意和我坐下来聊他自己的真实想法，也更愿意听我给他的建议。

在我们潜意识里面，都渴望去证明自己才是对的。在生活中，我们总是在做着自以为是的事情，当面对分歧时总是为了要证明自己是对的而常常忘了自己的目标是什么，甚至可以为了证明自己是对的连结果都不要了。这样的事例，在你我生活中、在你我身边比比皆是。

我有个学员和太太最近8年来很缺乏沟通，有时候常常说不了几句话就难免争个对错长短，话不投机不如不谈。毕竟是夫妻，生活在同一个屋檐下，即便免不了要说说话，也往往是言不由衷不咸不淡。

之所以夫妻俩过着过着快成了最熟悉的陌生人，原因是8年多以前，他自己在外地忙着打拼事业，不懂得关心太太，太太备受冷落，迷上了麻将。夫妻俩最后大吵一场，他连带着和丈母娘家也决裂了！8年来，从不去丈母娘家，而且慢慢地和太太也越来越有隔阂。这样的家庭氛围，对于孩子的成长也已经产生了很不好的作用。这样的结果，他其实也很痛苦，对于家庭未来去向何方，自己也很迷茫。

后来通过学习，他对自己有了很多觉察，看到了自己以往在生活中很多行不通的地方，特别是看到他自己的自动化模式和信念给事业和家庭带来的伤害。有一次学习结束之后回到家，他破天荒地请太太买好菜，带上孩子一起去丈母娘家吃饭。对于他上课后的改变，太太自然满心欢喜，家庭氛围较之以往也有了很大的变化。

过不多久又要上课了，临出发前一天，他又和太太吵了一架，带着满肚子的郁闷来到课堂。原来那天他和太太沟通时，对太太说了类似觉得自己以前很对不起太太这类的话，结果没想到太太回他的话让他觉得很难以接受。太太顺着他的话，也就多说了几句"的确，你做了很多对不起我的事"之类的话，结果这几句话就让他又回到了原来和太太的沟通模式，很快就爆掉了。

我请他去思考自己向太太认错的出发点是什么？他看到自己向太太认错行为的背后，其实也是有自己的目的的，潜意识中存在的信念是"我都认错了，你也应该认错"，和"我都认错了，我过去的事就算了吧"，认错了就应该过关，认错要有认错红利的心态，导致自己在认错后没有收到预期的结果时，态度上立刻变得抵触抗拒，又回到争对错的固有自动化模式，自然最后的结果就是争吵和冷战。然后他向大家承诺，要改变自己选择对太太认错的出发点，要跟太太有效沟通共创美满幸福的家庭环境。当他信念上发生这样的改变时，当下态度上变得柔和了很多，当他承诺愿意接下来用理解和包容的态度去和太太沟通时，愿意给太太更多的尊重和关爱时，从他的表情上看得出来，他有信心去重建自己温馨和睦的家庭关系。

建立家庭的目的，绝不是为了吵架、冷战，甚至是暴力！生活中不乏这样的例子，因为爱而走到一起的婚姻，出发的时候憧憬的都是未来美好幸福的生活，可走着走着就忘记了当初的出发点和目的！人，总是会掉入自己的盲点而不自知，总是为了证明自己是对的，而做一些和目的相反的行为。究其原因，是因为比如文中提到的同学，一旦进入和太太争对错的模式，潜意识中信念的焦点就回到过去，回到以往自己认为的太太的种种不是，而忘记了在当下和未来，自己要的目标！人，一旦失去在当下的觉察力，就容易受到自己自动化反应的制约!

前不久,身边还有另外一对夫妻闹得很凶,太太一直吵着要去离婚。原来两个人结婚有些年头了,前不久太太发现先生做了件对不起自己的事情,不管先生后来怎么保证,怎么做都不相信,总是要找些事和先生闹。有一天,我们坐下来聊,原因是两人前一天又大闹一场,太太坚持要去离婚,先生打电话请我做做工作。我问她,这件事情是不是过不去了? 她说是的,这是我的底线,他踩红线了,过不下去了,非得离不可! 我接着问她,确认一下,接下来离婚是你要的结果吗? 她开始犹豫了,说其实内心深处还是很爱着先生,毕竟这么些年一起生活,舍不得这段感情,离婚真不是自己想要的结果,还是想和先生好好过下去! 我接着问她,如果你们继续保持这样的相处模式,最后走下去的结果会是什么? 她毫不迟疑地说,那肯定得离婚了! 这样痛苦的日子,咋过下去呀?

我又问她,既然你也不想离婚,也知道这样下去结果不是自己想要的,那你这样做的原因是什么呢? 她发现原来自己一直会时不时和先生闹的原因是,她觉得先生做了对不起自己的事情,他是错的,他要让他知道自己做错了! 她只是在宣泄自己内心的愤怒和不满,拿情绪来惩罚先生! 在帮助她看到当下这样做的出发点只是在惩罚对方宣泄自己的情绪,而非在挽救自己的婚姻后,接下来我请她先认真思考自己的婚姻目标,也就是她和先生要一个怎样的关系结果。

为了证明自己是对的,连结果都可以不要! 这是我们在生活中常常容易形成的习惯模式。原因是,在每个当下,在我们习惯的自动化模式中,在下意识的状态下,我们的选择都是基于当下的情绪或是判断而做出,当下的情绪是和当下的结果有关的,判断往往也是基于对当下情绪的反应。就像前面讲到的这位太太,在她内心愤怒时,为了宣泄自己的愤怒,把满腔的怒火发

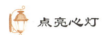 **点亮心灯**

　　在我们习惯的自动化模式中，在下意识的状态下，我们的选择都是基于当下的情绪或是判断做出，当下的情绪是和当下的结果有关的，判断往往也是基于对当下情绪的反应。

泄到先生的头上，而不去看先生此刻在为挽救婚姻做的所有努力；你做错了就要受到惩罚的信念始终让她对先生的所有努力视而不见。时间久了，总有一天先生也会有放弃的时刻。

　　在人生的每个当下，如果我们懂得有意识地区分情绪、判断和目标，才会让自己接下来的选择更加有效，更加懂得如何在生活的各个领域拿到自己想要的结果，才会让自己的生活更加圆满和幸福。

自以为是的我

　　在生活中，我们常常用"自以为是"来形容一个人的主观、固执与不谦虚。自以为是，意思就是总认为自己是对的，是正确的。这个成语的典故，出自《荀子·荣辱》，"凡斗者必自以为是，而以人为非也。"在一个自以为是的人看来，但凡当自己的意见和看法与别人不一致时，别人一定都是错的。因此，往往和别人争论不休。

一个自以为是的人是缺乏自我觉察和自我反省的，因为他／她总是把焦点都放在别人那里，评估别人的对与错、好与坏。在过去，我就是一个超级自以为是的人。我一直都认为，我是很爱老婆的。老婆喜欢问我爱不爱她，我当然说爱，毫无疑问！老婆又问我，是不是最爱她？我通常会故意用很嫌弃的眼神看着她，反问她，这还用问吗？

开车的男人，爱说一句话，"老婆和车子，概不外借！"我也常把这句话挂在嘴边。老婆不会开车，我有时候开玩笑说我是车夫。不过，我这个车夫脾气不大好，过去，她这个乘客没少受气。有时候，她上车或下车时，关车门的声音稍微大了一点，我的眉头往往就不自觉地皱了起来，甚至有时会脱口而出"用那么大力气干嘛！"估计听上去，我这个车夫的口气不会太好。其实，她也不是故意要把车门搞坏，只不过关车门力气稍微大了点而已。我的表情和语言背后其实隐含着一层意思，你这样做是不对的；内心期待她能对她这种不恰当的行为有所表示，能对我说句不好意思或是抱歉这类的话语。

不过，有经验的老司机都知道，怎么可能？一厢情愿罢了！还好乘客蛮有素质的，没回我一句，"干嘛！那么在乎你的车子，那你就和车子过吧！"我发现，其实在那一刻，乘客收到的信息是，我并没有像自己说的那么爱她，我对车子，甚至是对车门的重视和在乎是超过她的！连车门声音关得稍微大了点，我都那么在意，甚至因此而指责她！很多时候，因此引发的后续状况，相信有经验的你懂的。过去，没少因为关车门的声音影响我和老婆的心情。

不过那是以前的我了，经过修炼，我已经不一样了。现在碰到类似的状况，我有时候会对老婆说，"好车子就是不一样，你听，关车门的声音都不一样。"有时候，如果异响有点大，我会看看老婆的表情，然后问她是不是有什么不开心的？现在关车门的声音，有时候反而成了我和老婆深入沟通的契机。各位爱车的男同胞们，友情提醒一下，以后当你的那位"乘客"关车门的声音，让你觉得稍微有点大的时候，不要过度反应。实在会有反应，不妨赞美她，"老婆，最近力气见长哦。"或者，你也可以去关心对方此刻的心情如何。

经过修炼，我认为我的自我觉察能力已经有很大的进步了，我不再像以前那么自以为是了。就像有一次我在外地学习，午休的时候，微信收到老婆发过来几张图片，第一张图片就让我愣了一下，是一个白色的容器在地上碎成了几片，要知道那可是我最心爱的用来煮茶的白瓷壶啊！过去的我肯定会气急败坏马上打电话过去，你怎么回事？你怎么这么不小心？你怎么搞的？不过，我接下来又看到还有另外几张太太的自拍，一副小女生怯生生不好意思的样子！没有任何迟疑，我立刻给老婆发去信息，"碎碎平安。老婆，我爱你！"发这句信息的时候，我注意到自己当时的心情，不但没有因为心爱的茶壶被打碎而受到影响，而且在发这条信息的时候我的内心也是暖暖的。

又过了两天，学习结束晚上回到家，来到餐厅的时候，我又愣住了！我心爱的白茶壶好好的，完好无损！我不敢相信自己的眼睛，不是已经打碎了吗？我赶紧拿出手机翻到老婆前两天发给我的微信，没错，明明是碎的！我再仔细看，不对，碎掉的好像是一个杯子。我发现，的确，家里少了一个太太的茶杯！

我再一次"惊喜"地发现，原来我还是一个自以为是的人！我自以为是地认为，太太发给我看是因为打碎的物品一定是我的；我自以为是地认为，白色的就一定是我的茶壶，因为我很爱惜它；我自以为是到甚至都不和太太确认一下！我想，估计这辈子我都没有办法成为一个不自以为是的人了。其实，我们每个人都是一个自以为是的人，自以为是乃人的本性，只是每个人自以为是的程度不同而已。还有，当你自以为是的时候，是否能及时觉察到自己此刻的自以为是呢？

在每个当下，保持自我觉察，可以让我们为自己的自以为是少付代价；经常保持自我觉察，甚至可以不用为自己的自以为是付出代价！每天记得时常问自己，"今天，我有过自以为是吗？""今天，在哪些事情上我自以为是过？""今天，对哪些人，我是自以为是的？""今天，我自以为是的是什么？"生活，就是最好的修炼道场。

准备好一支笔和几张 A4 白纸，给自己一个安静的时间和空间，鼓励你诚实面对自己思考下面的问题，并且在白纸上记录下你认为有必要的：

1. 你看到自己在以往生命中，为了要证明自己是对的而付出了些什么代价？请具体描述。

2. 如果可以重来一次的话，这次你会有怎样不同的选择？

我是受害者

我们大多数人在大多数时候，都会有一种受害者的心态。受害者心态，未必是对方或是外部的环境对我们造成了实际的身体上的伤害，更多的是自己在当下选择的一种态度或心态。

当我们位于受害者的心态位置时，除了让自己内在充满负向情绪，如生气、郁闷、烦躁、压抑、难过、失望、悲哀、痛苦等，还要付出的更大代价就是在人生中会越来越感觉到自己是被动无力的，好像自己的生命并非为自己而活，会严重影响到内在的自我价值，在生命中越来越缺乏激情和自信。

"我是受害者"的心态，是导致我们人生中充满迷雾的另外一个大陷阱，很多时候我们不但受害于别人和外在的环境，甚至也常常受害于自己，如当你处在自责、后悔、愧疚的情绪和感受时。

我被绑架了

在一次团体课程中，有位学员站起来分享自己的感受和体悟，我支持他去看，在刚才的练习中，他的反应模式和自己生活中有什么相像的地方？他分享说自己平时在工作中就是这样的，自己一旦有一个决定，就根本不听团队其他人说什么，总是要很强势地去控制局面，按照自己说的办。

不过让他觉得很郁闷的是，团队每次定的销售目标都不高，而他给团队的薪资待遇相较同行却要高出很多。他也看到团队状态与他平时和团队互动的模式有很大的关系，我问他为什么不愿意听团队的意见呢？"我觉得自己被他们绑架了！"他愤愤地说着，一脸的不平。我很好奇，问他何出此言？

原来，在前两年他去参加了一个学习，学到一招"对赌"，他觉得蛮不错的，就把这招用到自己的团队上面。最初他和团队用"2000对赌8000"，意思是他给团队设定一个目标，如果目标没达成，团队扣2000元薪水；如果目标达成，团队奖励8000元。他发现这一招对于提升绩效很有效，于是后面开始每次冲刺销售业绩都会和团队对赌。不过慢慢地，随之带来意想不到的后果，他发现对赌的代价越来越大！

每次要冲刺业绩，他去征求团队意见，团队的胃口越来越大！对赌协议从最初的"2000对赌8000"，慢慢地这两年下来，已经达到"2000对赌15000"了！这让他既愤怒又无奈，他觉得自己已经越来越被团队绑架了！于是在他的潜意识中就产生了一个信念，"听团队的意见就会被团队绑架！"某种意义上来讲，这让他已经成为团队的受害者了！他受害于团队的得寸进尺！

这个信念的形成，导致他在和团队沟通时，内在就会产生焦虑和恐惧，就会很抗拒听团队的意见，导致他和团队之间越来越缺乏沟通，越来越有距离。因此，慢慢地他越来越不愿意听取团队的意见，工作作风上越来越封闭、强势独断。这样的模式，既无助于他和团队的沟通，同时又会影响到他和团队之间的关系，不但他受害于团队，认为团队得寸进尺，也让团队和他之间的隔阂越来越大。

有句俗话，"重赏之下出勇夫"，这样的信念对我们影响非常深远。让我们潜意识之中认为只有高薪高回报才能带来高绩效。在这样的潜意识下，我们很多带领团队的领导人把团队物化，不是视其为平等人格的合作伙伴，而是物化为达成绩效目标的工具。凡事果出必有其因，今天这位学员与其说受害于自己团队的得寸进尺，倒不如说是他自己不断地用实际行动教育团队，只要团队能做到业绩就可以和他谈任何条件。

信念会产生行为，行为会决定结果。你的信念会决定你的世界，是因为我们潜意识中常常把信念等同于事实。信念不调整，结果就不会不同。"听团队的意见就会被团队绑架"，这个信念不改变，他和团队之间的沟通模式就不会改变，和团队的关系就不会有改善。当把团队物化为工具，自然提升绩效能想到的最快捷途径就是用利益收买，这样做其实是在激发人性中的弱点和恶的一面，实际上是在饮鸩止渴，很难以持续地维系发展，当利益不再，团队就不会有凝聚力。

只有把团队看成是自己平等人格的合作伙伴，而非物化的工具，才会有新的可能性发生。一个真正的团队领导人，要做的是透过启发团队的理想，以自身的印证，引发和凝聚团队愿意为愿景去创造价值，激发出人性中的优点和善的一面，才能不断扩大格局，达到持续的共赢。你是如何看待自己的团队的呢？他们是你的工具，还是你把他们看作合作伙伴？答案在你与团队的连接和关系中。

爸爸妈妈不爱我

事实上，我们往往就是自己不愿意去面对的那个结果的源头！很多时候，这个源头来自我们的童年经历，我们的童年经历使我们产生出了一些信念或看法，这些信念或看法与我们如何看待自己的童年，选择如何看待爸爸妈妈与我们的关系有关，比如选择相信"爸爸妈妈是不爱我的"。而正是这样的一些信念一直存在，让我们成为自己信念的受害者，我们自己画地为牢，把自己深陷其中。

我有一个朋友，从小生长在典型的传统大家庭环境中，她有一个哥哥，妈妈是典型的家庭主妇，以先生和儿子为世界中心；父亲则是典型旧式家庭的家长，大男子主义思想根深蒂固，她印象中的父亲在家里就是一个说一不二的独裁者。从小时候起，她就觉得自己是不受重视的，爸爸妈妈的爱永远只是给哥哥的，哪怕是哥哥犯错，受到惩罚的都会是她！有时候，爸爸妈妈带哥哥出去，自己就只能留下来守家。恰恰邻居家的小孩是好几个比她大的坏小子，常常会故意吓唬她，从窗户里丢东西到她家里或身上，故意推门装作要进来，让她非常惊恐，甚至有时把她惊吓到躲进妈妈的衣橱里！

从小的原生家庭生长环境，及捣蛋恶作剧的邻家坏小子的骚扰，令她的内心深处有很大的不安全感。而更大的不安全感，来源于她从小就感受不到自己在这个家里的位置！她从小就一直没有感受到父母对自己的爱，和哥哥对比，她相信自己简直就是一件多余的摆设！她一直记得小时候经常被母亲威胁"要把你卖掉"，母亲如果单独带她外出，她总是生怕自己被卖掉！

当她眼角噙着泪花，面带微笑说着这些往事时，我能够体验到此刻自己内心的心疼和难受，也能体验到她内心的伤痛、委屈和愤怒！为了让家人，特别是爸爸妈妈觉得她是有价值的，她从小在家里就会显得很懂事听话，要

点亮心灯

> 影响我们人生的，其实并不是那些事件本身，而是我们选择用怎样的观点和态度来看待这些已经发生的事件，是我们选择的观点和态度在影响我们人生的结果！

拼命做很多家务让父母看见。加上从小到大她都被家人说成是一个笨小孩，因此从小到大她都一直在努力证明自己是可以的，拼命学习、工作、打拼，即便拥有令人艳羡的学历和职场履历，她却依然认为自己没有得到家人认可！"爸爸妈妈是不爱我的！"这个信念，时至今日依然根深蒂固。

她其实是一位在职场很成功的女性，做事冷静干练直接高效，在自己的位置上有很强的掌控力和决断力。而聊到原生家庭带给她内心的伤痛，聊到爸爸妈妈不爱她，我真切地看到在我面前的是一个小女孩，从她睁大的眼睛中，能清楚地看到惊恐、伤痛、委屈、愤怒！从童年时起的父母不爱自己的证据，内心深处林林总总的伤痛事件，时至今日仍历历在目，成年的她此刻讲述起来依然非常激动，情绪难以自制。

她其实是一个很有觉察力和学习力的人，最近这几年她开始学习如何爱自己，在和父母的相处上也有了很多调整。"他们都这么老了，既然他们无法改变，那就我自己改变吧。"她已经踏上了一条让自己生命不断成长的道路。从她的话语中，能听出来，对母亲，她更多的是同情和怜悯；对父亲，更多是无奈和放弃。内心深处，"父亲就是一个独裁者和暴君"的信念，让她自己很多时候扮演一个保护者和抗争者的角色，每每看到父亲用对幼年的自己同样的方式去对待自己的侄辈时，她就会让自己站在保护者和裁判的位置，与父亲对抗，要求父亲认错。即便现在她经过不断学习，在和父母的相处上，依然缺乏爱的传递和连接。我很直白地告诉她，"你和爸爸妈妈的和解，只是在大脑层面，你给自己找了一些很合理化的理由来说服你自己！你并没有在心里和爸爸妈妈和解"。

"爸爸妈妈是不爱我的！"这个信念没有改变，她只是在行为上可以做一些调整，表面上看上去和父母的关系变好了，但是其实她内心知道并没有得到自己想要的，那就是爱！那由心出发的爱，可以给她带来的和父母在一起的温暖、幸福、自在、舒适，这些都并没有发生。不管她外在的形象体现出来是多么成熟，在父母面前，她内心深处藏着的就一直是那个没有得到爱的小女孩！

我们没有办法回到过去，改变过去发生的事件，那些深深影响我们现在的事件，那些让我们形成人生基本信念和价值观的事件，我们的确没有办法回到过去让它们改变。可是我们可以改变的是对于这些事件的观点和看法，也就是我们所说的因这些事件而形成的信念！也就是我们对自己的看法，对父母如何对待我们的看法。以她这个案例来讲，她可以选择依然坚守"爸爸妈妈是不爱我的！"这个信念，就像在过去几十年的岁月中她所相信的那样，只是如果一直秉承这样的信念，自然在内心深处就无法放下过去，也无法真正和父母在内心去和解。即便父母的爱摆在她的面前，她也依然会视而不见，不是她不想要，而可能只是因为这份爱不是她想要的——她认为应该的那个样子。

我鼓励她去看另外一个可能性，就是"爸爸妈妈是在用他们认为的，或是他们所知道的爱的方式在爱我"！在我们成长的这个时代，我们有机会接触让自己心灵成长的课程，而且这个时代也更多提倡平等尊重、信任包容和相互理解。可是在我们父辈生活的那个时代，没有人教给他们这些，他们甚至不知道要对自己的孩子说"我爱你"！其实他们也许一直在用他们认为正确的方式爱我们，也许他们爱我们的方式就像他们的父母对他们所做的一样。只有让自己转换信念，她才可能和父母有真正意义上的坦诚的心灵沟通和对话，才真正有可能去感受到父母的爱，哪怕这份爱表现出来的形式和她想的真的不一样。唯有这样，当她和父母相处时，才有可能真正拿回自己作为一个成年女性的力量，活出内心的自信与美丽！

影响我们人生的，其实并不是那些事件本身，而是我们选择用怎样的观点和态度来看待这些已经发生的事件，是我们选择的观点和态度在影响我们人生的结果！

自己的受害者

我们不仅会是别人的受害者，我们甚至会成为自己的受害者。一旦成为自己的受害者，无论外在多么风光，又或者有多少人赞美和肯定你，你都会抱有深深的怀疑，不敢去相信这是真的。同时，内在有很大的自卑，让你常常在一个人的时候自怜自艾，内心充满不安全感。

我认识一对夫妻，先生斯文儒雅，思维创新，常常会有一些天马行空的创意；太太坦率直接，待人接物务实干练，豪爽大气，执行力强。有一天她找我寻求支持，说她很苦恼，因为她先生常常会向她抱怨，说感受不到她的欣赏和重视。

她坦陈自己其实内心深处很爱先生，自己在先生一穷二白的时候和他来到上海，两个人一起赤手空拳打拼出一番天地；而且这么多年企业的发展历程，证明自己先生是很有眼光的，自己内心深处很欣赏他。这两年先生开拓了新的事业，也很想得到她的支持，常常会和她分享自己在新的事业上的规划和计划；每每这个时候，她总是避之不及，给先生的感觉或是很抗拒，或是寥寥几句敷衍了事。因此导致她先生总是认为她看不起他，不欣赏他，常常抱怨在两人的关系中他爱她多过她爱他。

我问她，是什么原因导致她会不愿意和先生沟通关于他的新事业呢？她苦恼地告诉我，她是一个很直接的人，生怕自己的表达会让先生觉得自己是在否认他。因此，她很不愿意听先生关于事业计划的分享，总是用逃避的态度来面对。通过沟通，了解到她认为先生的很多表现在她看来是在走捷径，她觉得不够落地，内心深处对于改变有强烈的不安全感。由于她对我的信任，我们聊得很开放和坦诚，她也看到自己的不自信，及自己潜藏的信念，"走捷径就是不落地，就是虚假"，及"走捷径，就会不安全，就要付代价"，这些潜意识中的限制性信念让她很抗拒面对先生的改变。

聊着聊着，我看到她眼中泪光粼粼。她做了一个冒险，向我分享了她的成长故事。原来她内心深处的不自信与不安全感来源于童年的经历，从小父母宠爱弟弟，自己很少得到父母的重视，很少感受到来自父母的爱。所以从小就很要强，努力表现，拼命干家务活，学习很刻苦，内心渴望证明自己来赢得父母的关爱。小学一年级时，因为想要成为班长，年幼无知，虚荣心让自己付出了惨痛的代价，心灵的创伤一直没有得到有效的弥合。成年后的她痛恨自己幼年的虚荣心，内心深埋的痛苦一直在折磨自己，从此她对虚荣心非常痛恨，包括自己身边认识的人展现出来的虚荣心。

通过支持，她看到潜意识中更底层的限制性信念，就是"走捷径就是爱虚荣"，"只要爱虚荣，就一定会让自己的人生付出惨痛代价！"表象上是自己不接纳先生的天马行空，这让她觉得很不务实，自己的不安全感是来源于先生；而内心底层核心的原因是一直不肯原谅自己，放不下幼年时虚荣心给自己带来的创伤，不肯放过那个年幼时受伤害的自己。

任何事情，哪怕再糟糕，都会有它的正面价值。童年难忘的创伤，潜意识中虚荣必定要付出惨重代价的信念，养成了她率真、直接、真诚的性格，以及脚踏实地务实干练的行事风格。终于，她在内心深处与自己和解，不再做自己的受害者。看到她的如释重负，我知道她开始学会如何去真正爱自己，那就是从全然地接纳不完美的自己开始。

我们童年成长的经历，形成了对于自己的基本信念，和对这个世界的看法，养成了我们绝大部分的价值观和信念。现在的科技手段，没有办法帮助我们坐上时空穿梭机回到过去，没有机会去改变这些形成自己基本价值观和信念的重大事件。但是我们可以通过学习去提升自己的觉察力，去发现自己潜意识中的限制性的信念。当我们愿意选择改变对自己过去的看法，一切就会相应发生改变。

当你愿意原谅自己，你就会有能力去原谅别人；爱，从原谅自己开始！

准备好一支笔和几张 A4 白纸，给自己一个安静的时间和空间，鼓励你诚实面对自己思考下面的问题，并且在白纸上记录下你认为有必要的：

1. 你看到在自己以往的生命中，在扮演哪些人的受害者？为什么？请详细描述。

2. 你受害于自己吗？受害于自己的什么呢？这让你在以往的生命中，付出过怎样的代价？

我是"强大"的

我们有一个习惯，为了不让别人发现自己内在的不自信和不确定，为了让自己在别人眼里看上去很行，就常常用盔甲把自己武装起来，让自己在别人眼里看上去貌似强大无所不能，把自己打扮成一个超人或是钢铁战士。

这种外在的强大的确能带来很多好处，包括内在的安全感，不过，也往往要付出相应的代价，比如得不到别说的帮助，和别人越来越有距离，还会影响甚至是破坏关系。

有意思的是，在过去好像男人们更愿意扮演这类角色，而现在越来越多的女性也开始把自己活成了无所不能的超人。

逞强的超人

"我觉得谁都靠不住，只能靠我自己！"她说这话的时候，一脸的倔强。个子不高，身材偏瘦，一个像标枪一样站立的女子，语气像磐石一般坚定，声音铿锵有力。这几年来，我看到每一班学员中总会有些共性的东西，我戏称像她这类的学员为"钢铁女战士"。她们都有一些共同点，通常自己经营着生意，个性都很要强，碰到困难都是一力承担，生命力像打不死的小强一样顽强。

然而，**貌似强大的盔甲下，往往掩藏着对被关爱与理解的渴望**。"我觉得自己就是打不死的小强！"貌似自豪的语气底层，我解读到无奈和苦涩。她分享自己有一个习惯性的模式，以往在带领团队和经营生意中，只要觉得自己好像无法突破取得更好的成果，就会选择离开。我回应她，这样的模式不会仅仅存在于事业领域，同样会影响到她生活中的所有范畴，包括关系。的确，她内心中还存在的另外一个困扰就是和老公的关系。

我们常说人生如戏，的确，如果用一出大戏来形容每个人的人生，其实我们自己就是这出大戏的编剧、导演和主演。我们的人生剧本早在童年时就已经写好了，从那以后我们只是在自动化地按照自己的剧本发展剧情。就像这位分享的学员，其实，她当下生命中所有的呈现，都是在按照她自己童年时为自己编写的剧本的轨迹发生。

剧本设定，也就是这个剧本的大纲，我称之为核心信念。核心信念的形成，最初主要源自每个人童年的成长经历，我们也可以称之为"背景"。她的童年经历，在潜意识中带给她的核心信念是"我被抛弃了，我是不重要的，我只能靠自己"。内在自我价值的缺乏，导致她长大后要拼命证明自己的价值，所以她一定要成为团队中最强的那个人。由于她的执着和努力，她也往往会在一个新的环境中可以很快证明自己是有价值的。

然而，当她开始遇到瓶颈时，绝对不会想到要去借助他人的力量。"我只有靠自己"，这个核心信念又发展出更多的信念，如"借助别人的力量就是依靠别人""依靠别人就证明自己是无能的，是失败的"等。往往自己拼得精疲力尽，依旧披坚执锐战斗不息，一次次撞得头破血流之后，仍然无法突破时就会引发她内心的自我价值危机。而这时她无法面对和接受，因此就会选择离开。剧本设定（核心信念）不改变，剧情（人生轨迹）就不会改变，只是换个情境再次上演同样的剧情而已，仿佛魔咒一般如影随形。这个情境不会仅仅局限于事业范畴，在关系中亦同样如是。

强大的女超人形象，无所不能的背后，会让身边的人无所适从和无所事事。在她的亲密关系中，另外一半的价值被弱化，往往会找不到自己存在于关系中的价值和意义，这会导致亲密关系中的危机。"我连在家里换个灯泡都要自己来"，她愤愤不平！却没有看到，她自己才是根源所在。既然你那么能干，那你就什么都自己来好了！

"谁都靠不住，我只能靠自己"，这个信念导致她在关系中伴随而来的态度是强势、自我和固执，行为模式上往往呈现出来逞强、封闭、不愿意聆听，结果导致在关系中缺乏信任，没有人可以靠近；内在常常体验到孤独和缺乏安全感。这种强势、自我和固执，并非真正的坚强，而是逞强。一个真正坚强的人，是敢于敞开自己，让对方看到自己内在脆弱的人。当对方看到你呈现的脆弱，基于共同的愿景反而产生更多的连接和共鸣。逞强的人，把向对方展现自己的脆弱视为软弱和无能。封闭自己，固然对方看不到自己内在的脆弱，可是也失去了和对方连接产生共鸣的机会。当关系中失去连接和共鸣，就会慢慢僵化，甚至是在关系中产生隔绝。

"借助别人的力量就是依靠别人""依靠别人就证明自己是无能的，是失败的"，这仅仅是信念，而非事实。事实是客观发生的存在，而信念只是主观的想法和价值观。事实是无法改变的，信念是可以调整的。如果原有的剧本设定（核心信念）无法支持我们实现自己的人生愿景和使命，那就需要重新建立新的有效的核心信念。

当我们对自己缺乏当下的觉察时，就会自动化地按照早就编写好的剧本发展剧情，就会被自己的剧本设定决定人生。保持当下的觉察，才能对自己

点亮心灯

> 在生活中当你和他人的界限产生混淆或界限消失时，就很容易给彼此带来关系上的困扰。

喊停，打断原有的剧本设定。当下的自我觉察，让我们有了一个重新改写自己人生剧本的机会。

我是拯救者

这种逞强，不但会让自己陷入孤立无助的境地，也会让自己在生命中模糊和突破关系中的界限，背负过多不必要的负担。这种背负，往往会在关系中让对方可以不必自我负责。

界限，意指边界、分界线，又指事物之间的分界。界限的存在，既确保个体之间可以保持各自的独立性，同时也维护了整体环境的和谐与平衡。在生活中，我们每个人都渴望拥有自己独立的空间，也是源自界限的需要，界限可以给我们带来安全感和价值感。但是，我们常常在生活中无意识地主动打破和别人的界限而不自知。有句广东话，叫"捞过界"，它说的就是突破界限，意思是指超越了自己的工作范围，有抢其他人饭碗的意思。在生活中当你和他人的界限产生混淆或界限消失时，就很容易给彼此带来关系上的困扰。

前不久在课堂上，有位学员分享自己和家人的关系。她是整个家族中的顶梁柱，为了能帮助到弟弟，她资助自己的父母亲开店做生意；同时也资助自己妹妹做生意。带来的结果就是，在生活中，妹夫看见自己绕着走，从不敢正眼看自己；和弟媳关系也不好，她自己也不喜欢和弟媳相处。

我看到的是，她之所以在和家人的关系上会有这样的状况，正是因为她打破了关系上的界限。无独有偶，最近接触过好几个学员都有类似的情况，在事业上相对其他家庭成员都很成功，他们往往对家人都很尽力地提携，出钱出力不遗余力。可是往往最后的结果让自己很受伤，觉得自己的付出再多，对方都不领情，甚至会做出一些让自己情感上受到伤害的事情。其实，这些都是在关系上打破界限带来的结果。

我问这位学员对于自己的模式或是习惯有什么发现？看着她有些茫然的眼神，我半开玩笑地说，有没有发现，在你的生活中你就是一个女皇！你的家人在配合你演一出女皇和臣民的宫廷戏。在她和家人的关系中，她把自己放在一个高处不胜寒的位置上，其他人都需要抬头仰视她。女皇总是担心自己的子民日子过得不好，不断地赏赐和施舍财物给他们。有一句话，"授人以鱼，不如授人以渔。"一方面，她既担心家人的能力不足以在未来人生中有好的表现；另一方面，她又不断地给他们很多。事实上她一直在用自己的行为教育自己的家人，人生也是可以不劳而获的！是可以不用提升能力为自己人生负责任的！我告诉她，"当对方习惯了伸手向你要，如果有一天你不再给了，你就变成坏人了！"她幽幽地说，"我已经做过一次坏人了。"

原来，她一直有一个信念，就是"成家后，一定要尽力帮娘家"。她也一直秉持这个信念，在过去就不遗余力地帮助家人。曾经她也在生意上失败过，为了生活去为别人打工来养活自己。在那段日子里面，当她不再有能力继续供养家人时，家人对她的态度也让她曾经很受伤。后来，当她再次有了自己的事业，原有的供养家人的习惯又回到了自己身上。潜意识中，好像娘家离开自己就撑不下去了。底层来讲，潜意识中把自己的弟弟看成一个弱者，一个需要自己帮衬才可以站起来的男人，一个对自己的人生没有办法负责任的男人。

在我看来，真正的帮助，应该是帮助家人在能力上的提升，而非不断在金钱和物质上的给予。生活中很多人对于帮助家人都有一个信念上的盲点，潜意识中认为给钱就是帮助，不答应对方的要求就为富不仁。那不是真正的帮助，那其实是一种施舍，在心理上已经看小了对方，事实上是把对方当成一个弱者，剥夺了对方成长的机会。

我还认识一位朋友，兄妹四人，一个哥哥两个姐姐，她是最小的。早年她在深圳经营自己的事业，由于她的勤奋和天分，事业做得很成功。她哥哥当时境况不是很好，父母爱子心切，希望她能够多多帮助一下自己的哥哥。一方面出于满足父母的意愿，另外一方面她也觉得自己既然是姊妹中最成功的，自然有义务要帮衬帮衬大家。

于是，她先是让哥哥进入公司，负责对外的业务，后来又让一个姐姐进入公司，帮助她打理公司内部的行政事务兼管财务。她这样做的出发点，一方面是想帮助一下自己的至亲，另外一方面认为自家骨肉绝对值得信任。

她是一个很爽快大气的人，心想既然交给哥哥姐姐们帮她负责相应部门的事务，就要绝对信任他们。后来发生的事情让她很难过，她的哥哥姐姐几年后陆续离开她的身边，哥哥不但自己另立门户，而且还撬走了不少她的老客户；姐姐也是差不多，而且后来整理公司财务时发现有很多账目不清楚。

面对这些变故，她内心痛苦不堪，常常也问自己，到底自己做错了什么，要受到这样的对待？更让她痛苦的是，父母面对这些情况好像也没有要帮她说句话的意思，反而看上去像是默认哥哥姐姐们的做法！

在生活中，有的人总是把自己过成一个超人，好像自己是一个拯救者，好像自己无所不能。每天忙着拯救自己的家人和朋友，好像离开了自己，对方的人生就会一塌糊涂。究其根本，很大原因其实也是来自自己内在价值感的不足。当内在价值感不足，为了增加自己的价值感就会向外求，比如得到别人的认同或是赞美，满足别人的需求，体现自己的存在感。不过，做超人一定是很累的，因为能够在超人的身边生活的，都不会是强者。在 个满是强者的环境中，是不会需要超人的存在的；只有当身边的人都是弱者的时候，超人的存在才会变得有价值。问题是，当你把自己活成一个超人的时候，别人对你可以予取予求，那你身边的人还需要成长吗？你把自己过成超人的同时，也在你身边培养了一群可以不用为自己的人生负责任的人。

大树的下面，永远不会有大树生长；每一棵树苗都有足够的空间时，才都有机会成为参天大树。保持关系中界限的存在，是各自对自己负责任的开始，当你愿意放下超人的身份，你身边的人也就开始学会为自己的人生负责任。

准备好一支笔和几张 A4白纸，给自己一个安静的时间和空间，鼓励你诚实面对自己思考下面的问题，并且在白纸上记录下你认为有必要的：

1. 在你的生命中，你看到自己在扮演哪个人或哪些人的拯救者？这样做，给你带来的好处是什么？同时又给对方带来了怎样的影响？

2. 你这样做，和你对对方的看法有关？你又是怎么看自己的？你对自己有何发现？

我要活在当下

"活在当下"，最近这几年是一个很流行的用语，常常会听到身边有人在分享，我们要活在当下，我们应该如何活在当下等。同样一句"活在当下"，不同的出发点会带来不同的心态，会产生不一样的行为，会带来不一样的结果。

颇具讽刺意味的是，"活在当下"往往被滥用，已经成为很多人当作可以放纵自我，不用为自己负责任的挡箭牌和遮羞布。在我看来，很多人所谓的"活在当下"，只不过是"及时行乐"的代名词而已。当我们假借"活在当下"之名，却是在行"及时行乐"之实时，无疑会给自己找到一个最合理化的理由和借口，不用为自己带来的结果去承担责任。

无疑，这也是我们人生中产生迷雾的一个很大陷阱！

我要活在当下

在我参加学习的一次团体活动分享过程中，我感受到自己的内在有一股愤怒的情绪在搅动，慢慢地这股愤怒的情绪越来越强烈，我觉得自己再也听不下去了，好像再听下去就

 **点亮心灯**

活在当下，是一种珍惜现在的正向的生活态度，是要把握好现在所拥有的，去创造去实现人生的愿景和理想的状态。

要爆炸了！于是我站了起来，推门走出了课室。在课室外，我深深地呼吸了几口新鲜空气，让自己的情绪慢慢平复下来，然后我问自己到底怎么了？这股强烈的愤怒是怎么产生的？

在昨天的团队户外活动过程中，有些同学公开，表示要打破活动设定的范畴和游戏规则，还找了一大堆理由，"过去一直没有活出真我，这次就想跟随自己的内心活一回真实的自己。"还有"我就想破坏范畴和规则，看看会有什么结果"！"我愿意为自己的行为承担结果。"诸如此类的话语。而在刚才的分享中，听到的还是类似的论调，这再次引发了我内在的愤怒。

我觉察到这股内在的愤怒是有一个累积的过程的，因为我在最近一个月的时间内，已经听到过好几个类似的故事版本，比如"我现在就想做真实的自己，就是不想去顾及其他人的感受。""想那么多干嘛！做人就要活在当下！我想要怎么干就怎么干！"而事实是，我看到说这些话的人往往在生活中的关系处理得并不是很好，甚至是在关系中越来越糟糕。

在我看来，那并不是真的活在当下，而是为自己的自我放纵找了一个非常完美的合理化的理由，是一剂用来自我麻醉的精神鸦片，只是为了让自己可以继续心安理得。

对活在当下有一个解释是把握现在因过去已不可改变；还有一个解释是让自己在当下活得健康自在；当然还有更多不同的解释。其实，要说清楚什么是活在当下是一件很不容易的事情，至少我不认为自己可以说清楚。同样，要真正做到活在当下也并不容易，否则不会有那么多的关于如何才能活在当下的探讨和研究！所以我并非要探讨或是教导如何可以让自己活在当下，我不认为自己有这个能力，我写这些文字的目的，只是为了从我的观点出发，来做一些我所看到的区分。

首先，当下的意思，是此时此刻此地。**我们绝大多数的人，绝大多数的时候并没有真正地活在当下，而是活在过去，活在未来，活在自己的习气和欲望中。**

就以我自己为例，在教室内当我内在的愤怒情绪开始升起时，我就没有活在当下。那一刻我活在过去，因为我想到在最近一段时间内发生在我的一些朋友身上的情况，早上的分享只是一个引发；那一刻我活在我的欲望中，我期待他们的价值观应该和我一样，我期待他们对自己有更多的觉察，我期待他们可以立刻改变到我希望他们去的位置；那一刻我也活在自己的习气中，我总是认为只有自己才是对的，认为一个人如果不能立刻将学到的东西用到生活中去发生改变就是错的。所以，我的愤怒就好像蝴蝶效应一般，越来越强烈。

不过，我并没有让自己在教室内爆发，我觉察到了自己的愤怒，让自己先从这个引发愤怒的情境中离开，在教室外先做深呼吸平复自己的情绪，然后回到教室，接下来利用分享机会坦诚表达了自己内在的愤怒，敞开自己让别人看到我内在的脆弱。

如果是另外的一个画面，我猜一定很可怕。那就是我没有先让自己离开一会儿，去先平复自己愤怒的情绪，而是忍不住爆发，向我早就心存不满的那些同学宣泄我所有的情绪，指责他们我认为做得不够好的所有事情。因为我也有足够好的理由，"管那么多呢！我现在就是不爽！我需要让你知道我有多不爽！我要活在当下，现在就做！"如果是那样的话，恰恰是自我放纵，而非活在当下。

因为我在当下这个大家分享的情境中，如果只照顾到自我的需要（宣泄情绪），便不会去考虑到我这样做，会给他人和情境（环境）带来怎样的（负向）影响！就像在昨天的户外活动中，离开的同学只是照顾到自己的需要，而毫不在意自己这样做（打破范畴和规则），会给整个团队和情境带来怎样的负向影响！

活在当下，是一种珍惜现在的正向生活态度，是要把握好现在所拥有的，去创造去实现人生的愿景和理想的状态。活在当下，它绝非放纵自我、及时行乐、今朝有酒今朝醉、得过且过的完美借口。身边有一些爱学习的朋友，有的人在学习的过程中，会让身边的人看到变得越来越自我。他们常常挂在嘴边的话就是，"以前我不知道自己要什么，现在我醒觉了，知道自己真正要什么了。""我要做一回真实的自己，我要过自己想要的生活。"

就像自由、规则及约束的关系一样，自由离不开规则和约束，规则和约束是自由的保障，离开规则和约束，所有人都不再有真正的自由。做真实的自己没有问题，为了做真实的自己而不顾及对他人和情境的负向影响，那就会是一个大问题。在我看来，做真实的自己只是一个途径，一个让自己真正成长，让自己生命中的关系越来越好，让自己活出更好的生命状态的途径。

对自我有更多的发现，我们称之为自我的醒觉。活出自我绝非自我放纵，活出自我是为了更好地成长自己和呈现更好的生命状态，从而让自我与他人和情境（环境）更加圆融丰盛。

我要快乐

人生苦短，很多时候我们要面对太多的挫折和挑战，甚至是生离死别的痛苦，因此需要我们用乐观的心态去面对人生各种不同的际遇。只是我们常常搞混一件事情，就是把乐观和快乐混为一谈，快乐是一种情绪和体验，而乐观是一种心态。

常常会听到很多朋友在说，"我要开心快乐地工作""我要快乐地生活""我要让自己快乐"……是否快乐，好像成为了很多人衡量是否值得自己去做一件事情的不二法则和评判标准。"快乐的，才是值得的！"成为了很多人心目中坚信不疑的价值观。

昨晚和一个朋友聊天，这位朋友在我们中心学习，刚毕业不久。他已过不惑之年，事业有成，待人友善乐于助人，平常总是一副笑眯眯乐呵呵的样子。昨晚恰好我们聊到了快乐成长这个话题，他向我分享现在的想法是让自己快乐成长的同时，能带动更多的人一起快乐成长！

他来参加学习的出发点，是帮助自己在人生下半场找对位置和高度，让家庭在和谐的基础上更加融洽，事业上能做到人事并通，创造更大的收益，健康上能更加自律高要求自己。让他困惑的是觉得自己常常会被别人误解，内心对自己又会有很多的抱怨和不接纳，一直认为自己还做得不够好，生怕会亏待别人，常常会让自己在团队里没有力量，被团队说成是老好人。

我看到他的盲点在于对快乐成长的定义，在他看来成长必须是快乐的！

不快乐的就不要！所以，在学习的过程中，他很在意团队内部的氛围是否是融洽的快乐的，一旦面对团队内部的冲突和挑战，他就会习惯性地选择逃避，或是技术处理，而要在团队内部表面上维持一团和气。难怪，大家会送一顶老好人的帽子给他，当然这样他在团队内也觉得自己越来越没有力量。

我分享我自己对于快乐成长的看法，成长的过程中未必全然是快乐的，往往是成长后才能收获快乐！"我要开心快乐地工作""我要快乐地生活""我要让自己快乐"，说这些话的背后，其实在当下大体是不快乐的。因为没有做到，才会想要做到。我们之所以想要在生活中快乐成长，其实是想要得到快乐的体验。在我看来，他的问题在于没有区分清楚乐观和快乐。

我们要学会区分的是乐观和快乐，乐观是一种面对生活的态度，快乐是一种情绪的体验。如果把快乐成长的焦点，放在收获改变的成果之后得到的快乐体验和成功的喜悦，自然就会在成长过程中，当面对改变带来的不习惯，甚至是面对更大的挑战时，就会有乐观的态度去接纳这些不习惯甚至是挑战带来的痛苦体验，在人生中才会取得更大的突破。

快乐成长，如果焦点放在成长过程中要有快乐的体验，大体上这样的过程意味着顺风顺水。然而，在成长的过程中很难做到一帆风顺，难免要面对挑战和挫折。当面对挫折和挑战时，伴随而来的压抑、难受、沮丧甚至是挫败感，这些体验自然是不快乐的。如果价值观是"成长必须是快乐的"，自然很容易因为不愿意去面对这些不快乐的体验，甚至是仅仅对于改变的不习惯，就会让自己放弃改变，当然更加谈不上真正的成长。一味追求成长过程中的快乐体验，就不会愿意让自己面对大的挑战，就不敢冒险，学习和成长的空间就不会大，就会习惯性地逃避面对不舒服的体验。再回到家庭教育上，如果父母的焦点在于让孩子在成长的过程中要快乐地体验，"让孩子快乐的才是好的"，这样的信念让父母往往会不愿意对孩子提出高要求，难免就会去放纵和溺爱。

不但个人成长如此，其实在团队和组织的成长和发展中，同样也是如此。一个团队中的大多数人对事物相同或类似的观点，容易形成这个团队的集体意志，或者说是这个团队的价值观。如果团队的价值观认为团队的成长过程中，大家更愿意要的是和谐的氛围，那么这个团队中就很难产生鲶鱼效应，相互间就不会有大的挑战和高要求，团队焦点只是在维护表面上的一团和气和看上去的相亲相爱。但是这样的团队缺乏真正的凝聚力，不敢冒险，听不到真正的声音，这样的团队，通常跟着团队的情绪走而不要目标。当团队中存在不同声音要引发碰撞时，这些不同的声音很快就会被团队其他成员间更大的追求情感情义的声音盖过。这样的团队，通常很难存在真正的目标，自然很难取得更高的绩效和更好的表现。

没有碰撞，就不会给团队中那些不同的声音真正表达的机会，没有这个基础，这个团队就不会有真正的共识。当一个团队敢于面对挑战，愿意在内部引发不同观点的碰撞时，才会开始具备团队共识的基础。这样的团队，才会始终清晰团队的目标，才会真的基于团队目标做出负责任的选择，而不是在情绪或是体验中迷失，才能取得更好的表现或更高的绩效。

无论是个人或是团队和组织，要愿意接纳延迟满足感这件事情，就是在成长的过程中可以存在不快乐的体验，学会用乐观的态度面对成长过程中所有的改变。只有这样，通过克服困难最终收获到的快乐的体验，就会是一种激励不断自我超越的力量！不要让快乐成长变成逃避的合理化理由和信念！

结语

弗洛伊德认为，每个人有三个部分的我——本我、超我和自我。其中本

 **点亮心灯**

当我们在当下被自己的本我部分所主导，被自己动物性的本能所左右，为了让自己可以不用为随后产生的结果负责任，甚至是可以心安理得地放纵自己，那不是真正地活在当下，而是被欲望控制及时行乐。

我和超我部分是无意识的，占到整个意识部分的95%；自我部分是有意识的，仅仅占整个意识部分的5%。

本我，由最原始部分的我的能量构成，是动物本能部分的我。天然本能自带的本我，想咋样就咋样，完全由动物性的本能控制，不受任何规条的约束。在本我的世界中蕴含着极大的能量，尤其是性的能量，所以对于价值观是及时行乐的人来说，性的自由和解放往往是他们所追求的，很大程度上会对性上瘾。对有其他上瘾症的人来说，在他们的人格组成部分，他们的本我部分所占比例往往远大于其他两个部分的我（超我、自我）的比例。

超我部分，更多的是要符合道德规范、社会规条的我，非黑即白，应该和不应该，对与错，好与坏。社会架构中的我，必须要生存下去，被父母和权威教导该如何生活，比如要听话、要乖，要成功不能失败，要聪明不能是笨的，要讲礼貌不能是粗俗的，要努力奋斗不能懒惰等。在我们成长的岁月中，慢慢地，这些规范、规条和教导被逐渐内化固着，我们再也不需要别人提醒，在自己的内在就有一个声音会常常提醒自己。这部分的我，就像我们身体内住着一个法官或是裁判，这就是超我。

自我，用来平衡本我和超我，平衡我们的内在和外在。例如，你参加一个自己并不怎么感兴趣的会议，本我想要让自己兴奋，想要找个有趣的人聊聊天；或是觉得这很无聊，恨不得推门出去离开这个乏味的地方。你的超我却在提醒你，要注意场合，不可以这样没素质，现在是在会议中，不可以影响到别人和环境。当本我和超我正在纠结打架，你的自我就出面协调你处在矛盾中的自我和超我，说好了，那就睡觉吧。于是你的身体就开始觉得犯困，就会忍不住开始打哈欠，开始瞌睡。

当我们在当下被自己的本我部分所主导，被自己动物性的本能所左右，为了让自己可以不用为随后产生的结果负责任，甚至是可以心安理得地放纵自己，那不是真正地活在当下，而是被欲望控制及时行乐。

准备好一支笔和几张 A4白纸，给自己一个安静的时间和空间，鼓励你诚实面对自己思考下面的问题，并且在白纸上记录下你认为有必要的：

1.你觉察到自己过去生命中，在哪些事情上是"及时行乐"，而非"活在当下"？请把它们描述出来并记录。

2.这样做，给你带来了什么样的结果？让你在人生中付出了怎样的代价？

3.关于快乐和乐观，你对自己有什么发现？

CHAPTER
THREE

第三章

生命中的自动化反应

引言

　　我们在生命中的多数时间内，会有一晃眼就过去很长时间的感觉，而且随着年龄的增长这种感觉更加强烈。比如说，我们在小时候会有一种体验，觉得时间过得好慢，有一种度日如年的感觉，心想什么时候才能长大呀？随着岁月流逝，特别是人到中年后，对时间莫名恐惧，恨不得时间能够停下脚步！

　　究其原因，是因为我们往往是年纪越大越很难做到活在当下。想想看，我们往往对小时候的事情记得特别清楚，反而是年纪大了以后，问你前几天做了些什么，你倒不一定能够想得起来。是因为我们常常人到心不到，对当下的发生缺乏觉察和觉知，甚至对自己说的话都缺乏觉察和觉知。

　　举例来讲，每次在培训中都会碰到一些同学，他们站起来分享的明明是自己的观点，不过却很喜欢用第二人称"你"，或是用"我们"来作为表达主体。这不，前不久刚结束的一次培训中，又遇到一位这样的学员，站起来先自我介绍后，他开始分享自己昨天学习的收获，整个过程中一直表达的是："我们学到……，我们要……，我们应该……。"

 **点亮心灯**

> 潜藏的意思是我们是同类，拉近与对方关系中的距离，意图是产生靠近、亲近的感觉

我问他，对于自己刚才的分享有什么觉察？他一下愣住了，停了一会儿，又把刚才自己说过的话简单地复述了一遍。我问他刚才分享的是谁的想法？他说是他自己的。我又问他，觉察到自己刚才分享时，用的主体表达词是什么吗？我看他没反应，就问他，有没有留意到你刚才一直在说的是"我们"，而非"我"吗？他很诚恳地说自己没有觉察到，他还以为自己一直在说的就是"我"。

我相信他是诚实的，的确，有很多人在表达时是很自动化的，在当下并没有带着觉察和觉知。然后我们以此为例开始互动讨论，为什么明明表达的是自己的观点，却会不自觉地用"我们"或是"你"作为表达主体用词？

有的学员说，这样可以拉近与对方的距离；还有学员说，这样表达会让对方喜欢自己。这是其中潜藏的一个主要目的，用"我们"或"你"表达，潜台词是不但我是这样想的，你也是这样想的，我们的想法是一致的。潜藏

的意思是我们是同类，拉近与对方关系中的距离，意图是产生亲近的感觉。

不过这样做，带来的结果却往往会适得其反。因为，如果对方和你在这件事情上的看法是不一致的，有时甚至是截然相反的话，对于你的这种表达方式会产生反感甚至抗拒。对方会认为你根本不了解他／她的真实想法，而且也没有意愿去了解，就被你用自己的看法主观武断地代表了。我问他，愿不愿意开放地听听，当他这样表达时，其他人有些什么样的体验和感受？

得到他的肯定答复后，我请其他学员来分享，诚实地沟通，在刚才这位同学这样表达时，自己有什么样的体验和感受？有的学员说自己的体验是不舒服的，因为自己和他的看法是不一样的。有的学员说自己的体验是抗拒的，因为他认为这样的表达，好像对方在教育自己应该要怎么做，对方有一种高高在上的感觉。

看得出来，这些回应出乎他的意料之外，不过他的态度是开放的，而且为收到这些反馈而开心。他说，自己是第一次听到对方这么真实地表达感受，而以往在他的朋友圈和团队中很少能听到这么诚实的反馈，他以往还总是自以为是地认为这样表达是在为对方着想。

正是因为这种人到心不到的模式，导致我们在生命中多数时候没有带着觉察和觉知。比如说，你很难想起来早上起床你是先穿左脚鞋，还是先穿右脚鞋？刷牙你是先刷左边牙齿，还是先刷右边牙齿？很多人出门时明明锁好了门，走了没几步往往会掉头回来再推推门把手确认是否锁好了。或者是出门没多久，猛然一惊，呀，煤气到底关了没？还常常听朋友抱怨，说现在购物中心停车场太大，经常迷路找不到自己车停在哪。

类似这些没有带着觉知和觉察的状态，我们都称之为生命中的自动化反应。

自动化反应

　　我们生命中的人生迷雾，源于这些产生迷雾的陷阱所引发的自动化反应。很多时候，貌似我们在人生中的选择是由自己做出的决定，其实准确地说，当我们在没有觉察和觉知的状态下做出选择，做决定的是我们每个人自己存在的自动化反应。

　　我们每个人经过几十年的人生历程之后，都会有自己个人所固有的习惯或模式，比如说看待人或事物，我习惯先看到这个人或这件事情中做得不够好的部分，很挑剔；还有我过去和人相处时，习惯戴着谦逊友善的面具，不过我知道自己很难和人交心，总是构筑好一个安全的防卫圈，很难让别人走进自己的内心，同时也不愿意踏出这个安全区域而进入别人的内心，总是很小心地保持距离。

　　我们的自动化反应是如何形成的呢？当我们对一个人，或是一件事物有一个自己固定的看法、观点或价值观时，面对这个人或是这件事物就会带来相应的态度或心态，而这会产生相应的行为，会造成对应的结果，会发展出对应的情绪和感受。如果这个固有的看法或观点一直没有改变，就会形成自己面对这个人或是这件事物时固有的模式和习惯。我们把自己这些固定的看法、观点或价值观，统称为信念。

有一次训练快结束了，在前几天每天训练结束回家的时候，每个人都要领取一份回家作业，这份作业是为自己做的，不需要交上来。在要结束的这天早上，我问大家昨天晚上的功课有谁完成了？结果有将近三分之一的人没有举手。我问那些没举手的同学，没有完成的原因是什么？然后各种理由就来了。

有人说，昨晚走的时候没听到要领回家作业；有的人说，前两天做了都不收，所以就不做了；还有人说，昨晚太累了想今天过来上课前再做，结果来了就忘了；还有人说，看了看作业内容，自己都知道，做不做一样等。

当有了上述这些想法（信念）之后，自然对待回家功课的心态和态度就是轻忽和无所谓；行为上自然就是拖延、忽视或找借口；结果自然就没有完成功课；今天我来检查功课，面对自己没做到的结果，体验上会觉得有些不舒服、失落或尴尬。久而久之，就形成了给自己找理由和借口的习惯，拖延的习惯，或是习惯推卸责任。

我有一个设计大咖朋友，也许是和职业习惯有关，他属于那种很有内涵的闷骚型暖男。为人友善，热爱生活，外在呈现却非常沉稳冷静，甚至会让人觉得有些孤傲。他其实内心热情，很愿意去帮助别人，在团队中也愿意付出，一直在为让团队更加有凝聚力而脚踏实地做一些事情。

一路以来，欣喜于他的改变。几年前初识时，他给我的体验是内心骄傲，孤芳自赏，不易接近。几年不见，最近见到他是在课室里，明显感受到他的改变。从"只要大家需要我，我就在这里"，到"不管大家需不需要，我都会在这里"，明显看到他向内觉察、迁善、调整的速度快了很多。经过学习和生活沉淀，他不但为人谦逊很多，相较以往的被动，有时也更愿意主动去关心

点亮心灯

> 信念→心态／态度→行为→结果→体验／感受→习惯／模式，这就是我们自动化反应的路径。

团队成员，为团队担当负责任。

有一次团队会议中，团队成员的回应把他搞得有些死火。团队回应他被动，不负责任，和团队有距离，不真实。看他愣愣地站在那里，感受到他内心的不舒服，却脸上还是很绅士地带着略显尴尬的微笑。

我邀请他沟通此刻内心的体验，并支持他去回看，是什么原因，导致团队没有感受到和他是在一起的？他坦诚沟通出内心的难受，这个难受的体验是因为他觉得自己没有被团队理解，觉察到自己内心的抗拒。看到自己刚才的解释，在当下没有融入团队。

这就是一连串因为团队的回应而引发的自动化反应，"你们不理解我，你们误解了我"的信念，导致他在当下面对团队的心态是抗拒的，行为上就有了很多解释和对外指责，结果是和团队关系越来越有距离，自己的心情（体验）也很难受。类似的模式在生活中的其他面相也同样存在，比如在家庭中和太太的亲密关系上。其实他非常爱自己的太太，可是常常会在当他感受到自己不被太太理解和信任时，自动化地做出一些让对方受到伤害的言行。当然不是身体上的伤害，而这些结果自然也不是他想要的。

通过支持，让他看到，当他在产生"你不理解我"这个信念时，自动化的反应模式，以及由此引发的结果伴随而来。而所有别人不理解的背后，其实还是和他自己的被动及自我有关，包括他自己内心的孤独，其实源自自己内在想法和外在表现的不统一，也就是表里不如一。只有转换信念，从"你不理解我"，到"如何让你看到真实的我"，才会给他和团队、太太、朋友的沟通带来完全不同的结果。

信念→心态/态度→行为→结果→体验/感受→习惯/模式，这就是我们自动化反应的路径。如果我们不能对自己的自动化反应有觉察，往往会被自己的自动化反应影响到自己人生中的各个范畴，包括事业和家庭。

我有两位朋友，夫妻俩从2008年底开始创业，白手起家一路打拼，企业在行业内也是颇有些知名度。这夫妻俩很有意思，先生看上去性格温和内向，笑起来颇有些女生的腼腆，讲话不急不躁；太太看上去性格率真直接，说话做事干脆利落，颇像男生的行事风格。我的这对朋友这些年几乎把所有的精力都放在企业发展上，这些年企业一直不断扩大规模，投入的资金越来越多，压力也越来越大。先生很想把企业做大做上市，对于自己的这个目标很坚定执着，不过常常苦恼于觉得太太不是很理解自己，在事业上对自己的支持还不够，他想要太太可以负担起更多。太太也很郁闷，觉得这样光有工作不顾家庭的生活不是自己想要的，每一次企业扩大规模，自己内心就会多一份不安全感。

正好前不久去他们企业走访，和一群做企业的朋友一起支持他们，也有机会和他们企业中的一些骨干员工分别坐下来沟通，他们夫妻俩也想借机听听员工内心真实的声音。会后总结，从反馈回来的信息可以看到：员工内心缺乏安全感，觉得先生做决策犹豫不决，而且常常是谈好的东西又会推翻；发生问题后，部门间推诿，到最后也不清楚到底该由哪个部门负责！另外，在企业中还有一个比较大的隐患，就是缺乏明确的岗位薪酬制度，工资往往是对方提要求，一旦给高了而对方能力又达不到要求，心里总觉得不爽；再重新和对方谈薪资待遇，对方往往也很不爽，认为老板不讲信用。诸如此类的问题时常导致员工流失，其中也不乏那些高薪外聘的空降兵。

听上去他和团队之间的关系存在一些问题，我问他，"你是如何看待你自己的团队的？和团队平时是怎么样互动沟通的？"他一脸懊恼，说自己团队中没有人才，自己说的话很难执行下去。他平时和团队沟通的模式，常常是简单下达命令。面对团队的不同意见时，要么采用说服的方式，说服不了自己就想逃避。逃避面对不同意见的原因，是因为不想自己不被大家认可。

人生的吊诡之处，往往是你越害怕什么，就越会不断去面对什么。就像我的这位朋友，越是害怕不被别人认可，就越是容易得不到大家的认可。就像他平时带领团队一样，由于害怕得不到团队的认可，所以往往就会轻易对团队许下诺言，草率地向团队做出一些承诺；又或者是常常碍于情面，不好意思在对方谈薪水的时候直接向对方提出自己相应明确的岗位要求，因此常常会打破自己的承诺。又或者是聘用时求才若渴薪水给高了，过后觉得对方的能力和薪水不匹配，要重新谈薪水，就会让对方觉得他是一个常常会食言的老板，往往对方带着愤懑离开；或是即便留下也是出工难出力。这样的结果，当然他既得不到对方的认可，自己心里也很不舒服，内心深处对自己也不满意。

再回到他和团队的关系上来吧，他总觉得团队和自己之间有隔阂，团队不够负责任和担当。在我看来，作为一个企业的领导人，如果对于自己团队的看法是觉得团队中无人可用，焦点都放在团队的不足之处，看不到团队的优点和长处，自然就很难和团队做到真诚沟通，相处时的态度就会流于表面化，相互间自然就会产生距离，内心会有不信任和不安全的感觉，慢慢地越来越习惯于挑毛病，沟通模式也就越来越简单化、命令化。而事实上，基于最近两年的数据来看，团队每年的业绩增长幅度远远超过同行业平均增幅。所以，团队中没有人才，也并非一个事实。再优秀的团队，也会有不足存在，如果作为企业领导人，大多数时候看到的都是团队的不足，团队也很难有持续向上的动力。

"执着地要把自己的企业做大做上市又是为什么呢？对你有什么价值呢？""别人会更认可我啊。"是啊，我们每个人都不会无缘无故去做一件事情的，一定要对自己有好处的情况下才会去做。难怪他做得这么累，他一直在做一件不断向别人证明自己价值以求得到外部认可的事情！我问他，"在你心目中，是不是一直有一个信念，你的价值和别人对你的认可度是等同的？"他不自觉地点点头。当一个人把自己的价值和外部对自己的认可度等同时，自然不愿意面对冲突，而一旦面对冲突，习惯的模式就会是要么说服对方，要么就是逃避面对。

我们又聊到他和太太在企业中的相处模式，说到太太的满腹抱怨，说到太太不想在公司里面做那么多的事情，太太说如果可以就只想回家做个小女人或做些自己感兴趣的事情。"那太不公平了！"他脱口而出。我很诧异，问什么原因让他会觉得如果太太这样就是对他不公平？聊下来我很坦诚地告诉他，觉得他要找的不单单是老婆，而更多像是找一个分担压力的合伙人，他在用一起做生意的合伙人的标准要求自己的太太，自然做太太的平时就很少能收到先生的关爱和体贴。

无论是在公司还是在家里，先生总是用同样的眼光和标准来看待太太，不但自己是一个工作机器人，还要把自己的太太也改造成一个工作机器人，怪不得相互间有效的沟通越来越少，生活中越来越缺乏激情和乐趣。做先生的很爱学习，每每在外面参加学习，看到那些事业上努力奋斗的女性，都会回家后一本正经地告诉太太，某某女同学多优秀，要自己太太多向她们学习，搞得太太听到这些就很抓狂。太太心想，好吧，既然你这么对我，那就怨不得我来挑你的毛病了。慢慢地，两个人之间的沟通模式就变得越来越像了，先看到的也都是对方身上的毛病，先生也越来越得不到太太的认可。

再来说太太，对于现状也很郁闷，这样的现状很明显也不是她自己想要的。我问她，"你为自己想要的结果做了什么吗？"她看到自己大多数时候也是在被动地等待结果的发生。我们聊下来，她想到以往潜意识中自己一直认为，"我只有努力工作，老公才会喜欢我。"由于这个潜意识中的信念的影响，所以她便对先生投其所好，慢慢地，无论是在家里还是在公司，两个人基本上谈的话题都是关于工作。慢慢地，两个人过得越来越不像夫妻，越来越像是做生意的合伙人。这样的模式，也影响到了太太和朋友的相处，总是不自觉地会要用一起做事业的合伙人的标准，去衡量和要求自己身边的朋友，搞得自己和身边的朋友越来越格格不入，自己看得上眼的人也就越来越少。

夫妻俩都有一个共同的课题，就是期待被别人认可，期待成为别人心目中的好人。就拿企业里面的薪酬体系来说，没有一个固定的标准，常常会出现会闹的员工更容易有机会加薪水，这样往往导致踏实做事的员工心理不平衡，久而久之团队缺乏凝聚力和战斗力。

我帮他们做了个区分，做老板的应该把焦点放在哪里？是做一个好人还是做一个负责任的老板？在我看来，做老板的焦点首先是确保企业有利润可以生存和发展，这才是对自己和企业负责任。如果把焦点放在要得到员工对自己的认可，自然就不愿坚持自己的原则和立场，也就不会对员工有高要求，也自然就很难达成自己和企业的目标。做好一个负责任的老板，企业有利润才可能让员工分享到更多的利益，员工分享到更多的利益，自然而然也就会愿意相信和追随企业的发展和愿景，自然就会越来越认可他们夫妻俩。要得到别人对自己的认可，先从学会对自己和对企业真正负责任开始！

而夫妻俩目前要学习去做的，就是区分好家庭和事业的范畴，在事业上：共识好发展目标，各展所长合理分工，明确各自负责的范围，相互欣赏，相互支持和相互包容；在家庭中：不把企业中的问题和情绪带回家里，先生对太太多些关爱和尊重，太太对先生多些认可和理解，让家里多些浪漫和温暖，感恩彼此的相遇，珍惜眼前人和当下所拥有的一切。在家庭中，是夫妻，不是合伙人，夫妻间的基础是爱的创造和分享，合伙人的基础是利益的创造和分享；如果一定要做合伙人的话，那就做创造爱带着爱共同经营好家庭的合伙人！

准备好一支笔和几张 A4白纸，给自己一个安静的时间和空间，鼓励你诚实面对自己思考下面的问题，并且在白纸上记录下你认为有必要的：

1. 你看到自己在生活中有哪些自动化的反应？这些自动化反应给你带来了什么样的模式或习惯？

2. 你看到形成自己这些自动化反应的信念（观点、看法或价值观）是什么？

如何打破自动化反应？

觉察与觉知

打破自己的自动化，意味着转化。转化，意指转变，从一种状态到另外一种状态。转化往往需要在一定的条件下才能发生，比如，将水在常压下加热至100℃，会从液态到气态；又或者在常压下降温到0℃以下，会从液态到固态。生命的转化，可以看成是一个人的生命状态的改变。同样，一个人生命状态的改变也是需要在一定的条件下才会发生。一个人生命状态的转化，需要具备很多条件，我认为有一个条件必不可少，那就是对当下生命状态的自我觉察。

我们每个人都会有两个我存在，你可以把他们想象成两个圆，一个圆称之为"无意识的我"，另一个圆称之为"有意识的我"。"无意识的我"你可以理解为潜意识部分的我，这个圆里面包含着生而为人的我生命存在的意义是什么？我是谁？我的人生使命是什么？我与这个世界，甚至是宇宙的关系是怎样的？这个部分的我，无意识的我，你可以把它想象成是一位"沉睡者"。原因是这个无意识的我范畴中所包含的问题，大多数人都很少花时间去思考，有的人甚至终其一生都未曾思考过，好似一直在沉睡未曾被唤醒。而"有意识的我"，你可以理解为显意识部分的我，或是在生命中每一天带着意识生活的那个部分的我。这个部分的我，你可以称之为"观察者"。观察者透过对自己和除自己之外的个体与环境的观察，开始学习如何生存与应对。

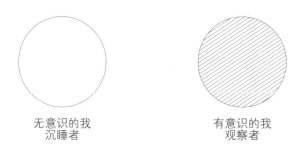

无意识的我　　　　　　　有意识的我
沉睡者　　　　　　　　　观察者

图1　无意识的我和有意识的我

在我们每个人生命的形成初期，我们每个人都是一个沉睡者和观察者合一的状态，你可以想象成是一个大的圆（无意识的我）包含着一个小的圆（有意识的我），我们称之为"混沌"。当我们从母体（母亲的子宫）诞生到这个世界上时，我们不但和母体分离，没过多久我们的两个我，"有意识的我"和"无意识的我"也开始了分离，分离成一个大圆（沉睡者）和一个小圆（观察者）。

图2　混沌　　　　　　图3　分离成"沉睡者"与"观察者"

在每个人生命成长的早期，甚至是很长的一段时间内，沉睡者一直没有被唤醒。从小到大，我们的观察者从身边的父母和长辈那里不断地接受教导，在学校和社会中不断地学习，接受到很多规条和社会道德的教育。尽管观察者的圆不断地在扩大，不过更多的是如何可以活成我们以为的权威们期待我们成为的那个样子。

有一种情况是，"有意识的我"这个圆尽管在不断扩大，却始终不曾与"无意识的我"这个圆有任何的交集，"沉睡者"一直未被唤醒。也就是那些关于我生而为人的意义，我存在的意义，"我是谁？"这些思考从未发生。当这两个我从未曾交集时，某种意义上，我们只是在生存，并没有真的存在。只是日复一日年复一年，不断在生命中重复着自己的自动化反应，生命并没有开始发生转化。不幸的是，在我们的世界中很多人终其一生，这两个圆不会有任何交集。

图4　始终生活在自动化中

另外一种情况是，"有意识的我"这个圆在慢慢长大的过程中，开始与"无意识的我"这个圆发生交集，我们称之为生命中对自我的看见，也称之为自我觉察或醒觉。自我觉察，意味着对"无意识的我"开始了探索，这是生命转化的开始。生命转化的目的，是不断扩大对"无意识的我"的探索，就好像两个圆交集的区域越来越多，然后慢慢地完全重叠，最后"有意识的我"这个圆把"无意识的我"这个圆包含在其中。这种最终的状态，我称之为"圆融"。可以看到，我们的生命从混沌合一开始（"无意识的我"包含"有意识的我"），经过分离，最终又到达圆融合一（"有意识的我"包含"无意识的我"）。

图5 开始生命的自我察觉或觉醒

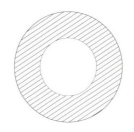

图6 圆融

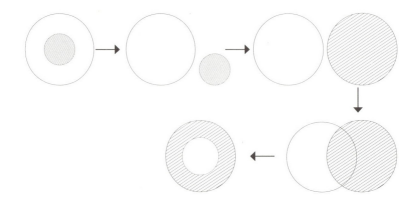

图7 从混沌到圆融

有一句话说，"你就是自己的上帝。"在我看来，当一个人清晰自己生命存在的意义，清楚地知道我是谁，明白自己的人生使命，而且在人生的每个当下都带着这份觉察，持续地创造，无疑他就真正掌握了自己人生的命运，在生命中的每个当下，他都能体验到圆满和丰盛。从这个意义来说，这就是上帝或神一般的存在。

对自我的觉察，由浅到深，包括对自己的行为、感受、信念、期待、渴望（我要什么？）和本质（我是谁？）这些不同层次的看见。如果只是停留在行为层面，并不能真正开始生命的转化。生命真正地转化，要从信念层面的觉察开始。在我过去的生命中，活出真实的自己是很困难的。我总是努力让别人看到我的勤奋、正直、友善、公平、真诚、热情、乐于助人的形象，很小心地保护着自己的阴影不让别人看见，总是把自己藏在一个我认为别人都会喜欢的完美的面具下面。但是在生活中我常常觉得自己很孤独，没有人可以走进我的内心世界，我也走不出自己的城堡，我感到很疲惫和无力，在生活中越来越麻木僵硬，缺乏激情。

这不是我要的生命状态，我很想改变，但是不知道该怎么办。我很努力地在行为上作出调整，很想对别人敞开心扉，很想让别人看到我内在脆弱的一面。可是我又内心充满恐惧，踟蹰不前。时间在挣扎和纠结中流逝，我依然困在我的自动化里面，没有任何改变。我的生命状态就是那两个互不交集的圆（见图4），我所有的改变全部是在我自己知道的部分，而对于那个"无意识的我"，那个我生命中的"沉睡者"内在的宝藏一无所知。

当我终于迈开我的脚步走向未知，当我带着恐惧和焦虑对那个"无意识的我"开始探索，我的生命开始发生转化。我看到在我以往生命中，之所以那么难活出真实的自我，是因为在我的潜意识中隐藏的信念。这个对我影响至深的信念就是，"我只有让自己被关注和重视，才是有价值的。关注和重视越多，我就越有价值，就越重要。"一旦当我认为自己没有被对方关注和重视（信念），我的心态就会去抗拒和排斥（态度），我就会在关系中退缩和封闭（行为），就会和对方越来越疏远（结果），内心充满焦虑和失落（体验／感受）。这已经成为一种固着的模式和习惯，是我的一个自动化反应。为了得到足够多的关注和重视，我就拼命在生命中过度彰显自己，努力让自己在别人眼中呈现一个自以为完美的形象。

我的这个核心信念的形成，和我从小成长的环境有关。我从小在农村长大，一方面小时候体弱多病，印象中从小就一直打针吃药，得到父母足够多的关心和重视。另外一方面，从小学业优秀，一直是家族里小孩子学习的榜样，得到身边亲人和长辈很多的褒奖。这些是我成长的背景，这样的背景形成了我的核心信念和价值观，在这样的信念下就发展出我的行为表现模式，这样的行为表现模式会带来相应的感受和体验。你的信念不改变，模式和习惯就不会改变，这是我们人生中的自动化反应。

生命的转化，离不开对自动化反应的觉察；自动化反应不中断，生命的转化就无法完成。自动化反应的核心组成元素包括每个人成长的背景、因个人背景形成的核心信念、在核心信念的指引下养成的固定的行为表现（包括行动和因行动而产生的结果），以及由行为表现发展出来的感受（情绪和体验），自动化反应重复的时间长了就变成了固定的习惯和模式。在所有的组成元素中，潜藏在"无意识的我"中的信念是最难被觉察到的，能够最先被我们觉察到的往往是我们的感受。每个当下，对自己诚实，问自己，当下的感受是什么？什么原因使我会有这些感受？与这些感受有关的行为表现是怎样的？行为表现背后的信念是什么？然后看见养成这些核心信念的背景。回到背景中有更多的看见，就有机会改变信念；信念发生改变，生命就在转化，你的世界就会开始改变。

 点亮心灯

你的信念不改变，模式和习惯就不会改变，这是我们人生中的自动化反应。

对自我的觉察，是我们生命发生转化的钥匙；而觉察当下自己的感受，无疑就是拿到了这把钥匙，这是生命转化的起点。

回到过去探究源头

信念的形成来源于过去，有一句话说我们每个人都是由自己的过去决定的。的确，我们每个人看待自己、看待别人、看待事物、看待这个世界的观点、看法和价值观，不是凭空而来的，事情的发生都有其根据存在，都是一个累积发生由量变到质变的过程。

有一次和朋友吃饭聊天，我们年龄相仿，他有一个女儿，和我儿子年龄一样大。大家同为七零后，又有着一段共同成长的学习经历，共同的话题就比较多。聊到自己从小成长的经历，也特别有共鸣。

　　我和他一样，从小都是在母慈父严的家庭模式中长大，小时候对父亲印象最深刻的大概就是做错了什么事，或是被别人家的家长到家里来告状，然后就是被父亲惩罚。父亲向来信奉"棍棒之下出孝子"，时至今天偶尔说起往事，父亲仍是不免自得当年对我的管教成功。我朋友少年时的经历和我大同小异，长大后也鲜有和父亲的情感交流，虽然理性上知道从小父亲对自己这样的严格要求是对自己的爱，而心理上始终缺乏一份亲近感。我从小和母亲感情深厚，对父亲敬而远之。我自从母亲离世后，和父亲的关系好了很多，不过总是在内心深处仍和父亲保持一定距离。

　　有一次做训练，和父母有关的课题，在关于母亲这一段落时，我的情绪饱满，内心深处有着强烈的丰富情感，很快就能带动学员进入情境；而在关于父亲这一段落时，我能明显感受到自己瞬间异常的冷静理性，内心超乎寻常的平静。带着这份觉察，我开始探索，是什么原因让我对待父亲和母亲会有着截然不同的体验？

　　我发现，对父母情感体验的不同来源于我对父母的看法不同。小时候家里穷，爸爸是个民办教师，印象中除了在学校上课就是忙农活，不苟言笑不善交际；母亲热情活络，非常要强，从小疼爱我。为了供我和弟妹的三个书包，每到开学时节，向亲戚朋友开口借钱总归是由母亲出面张罗的。我看到自己从小关于母亲潜意识中的信念，"母亲是伟大的，母亲是无私的，母亲是慈爱的，母亲是担当的，母亲是勤劳的，母亲是付出的，母亲很爱我。"

　　小时候，有时候会看见父母口角争吵，甚至妈妈会因为一些关于父亲的风言风语伤心、闹过要离婚的事情，让我对爸爸一直有看法，"爸爸、妈妈争吵，就是爸爸不爱妈妈，爸爸就是不负责任的男人！""父亲对我是严苛的，父亲是自私的，父亲对母亲是不负责任的，父亲是冷漠的。"正是自己这些对父亲的看法，让自己忽略了父亲对自己的感情，影响到自己和父亲的关系。

从小我就不自觉地成为父母之间对与错的判官，直到母亲离世后，我才慢慢学会愿意用更加客观的立场来看待父亲。更重要的是，我看到自己以往在对待父母的情感上，仍是当年那个恋母惧父的少年，在潜意识上没有在平等的层面建立与父亲的成年男人间的关系。

当我开始回到过去寻找证据时，我发现，其实父亲在我成长的过程中，除了对我的高要求之外，更多是在用他自己的方式爱着我。往事点点滴滴涌上心头：小时候体弱多病，爸爸常常要带我到离家近百公里的南昌看病，那时候交通也不发达，常常需要借宿亲戚家。每次去完医院，父亲都会带我到南昌的新华书店买我最爱看的小人书，今天依然能够记起小时候六七岁时买的小人书《角斗士》《荷马史诗》《木马屠城》等！

初中和高中我住校，初中每周回一次家，高中一个月回一次家。我不回家的时候，不管天气如何，无论是风和日丽，还是酷暑严寒，只要母亲给我做了好吃的，父亲总是骑着自行车跋涉十几或几十公里送到学校给我增加营养！每次当我狼吞虎咽时，他总是在一旁不说一句话，点一根烟，用慈爱的目光看着我。等我吃完后，再匆匆骑车回家。

想到这些往事，我内心充满温暖和感动，眼泪也不禁夺眶而出。其实父亲母亲都是同样爱我们的，他们都在用他们所能知道的他们认为最好的方式爱我们。

人类是最聪明的动物，我们会想尽一切办法为自己选择的观点寻找证据，证明自己就是对的，而不去思考究竟是要和对方建立怎样的关系？要证明自己是对的，还是要创造自己想要的关系？焦点在哪里，结果就会发生在哪里。

在双方的关系中，最大的盲点就是自以为是！我们总是用自己以为是爱对方的方式去爱对方，而且理所当然认为对方应该接受自己这种爱的方式；

同时，我们却又要求对方用我喜欢的方式来爱我，当对方用不符合我标准的方式爱我时，我们不但会收不到对方的爱，反而埋怨指责对方不爱我。

我们的信念是来源于过去人生成长过程中的经历，大约70%左右关于自己关于这个世界的基本信念在6~10岁时就已经形成了，从那个时候开始就在一直影响着我们的人生。就像我在前面（第105页）提到的那对夫妻中的先生，之所以会有这样的模式，来源于他从小生长的家庭环境。

小时候，他看到的就是母亲对父亲的不认可，总是看到强势的母亲数落父亲。从小到大，他也很少感受到母亲对自己的认可和表扬，总是觉得母亲不认可自己，他也一直拼命想在母亲面前证明自己，所以不管这些年来企业如何发展，总是觉得自己还没有得到母亲的认可，觉得自己做得还不够好。只是，如果一直支撑前行的动力是来自要得到外在对自己的认可，而非自己内在的渴望的话，只要他一旦觉得自己没有得到相应的外在认可，就会觉得内心越来越无力。

再说回他的太太，每一次企业扩大规模，都会让她莫名地焦虑，她内心深处总有很强烈的不安全感。我问她什么原因？协助她一路探索下来，她发现自己最底层有一个信念，就是"我不配！"她觉得自己不配拥有现在取得的成绩。原来她从小生长在一个普通的家庭，身为大女儿，从小被盼望儿子的父母当成男孩子来养，从小就是男孩子的打扮，养成了像男生一样的性格，在高中时都觉得自己就是丑小鸭一个。

现在她和老公一起把事业越做越大，心里一直觉得自己不像是心目中做老板娘应有的样子，既不够八面玲珑，又不像是一个成熟有魅力的女人。尽管这些年来一路打拼，在自己的同龄人中已经是佼佼者，可是她对自己的认知还是停留在那个自己是丑小鸭的时期，内心充满自卑，对自己不认可不欣赏。内在的自我价值感低，无论自己取得怎样的成绩，都很难在内心真正为自己觉得骄傲和自豪，很难会有真正的自信。对太太来讲，先接纳自己学不来别的女生的娇柔妩媚，欣赏自己的坦率真诚，把自己的优势发挥到极致，同样也会有不一样的风情，女人也并不是只有一种标准。

所以，完善之前提到的我们人生中的自动化反应路径，就是"我们的过去→信念→心态 / 态度→行为→结果→体验 / 感受→习惯 / 模式"，我们觉察到影响自己人生结果的信念后，要回到过去探索形成信念的源头是什么？这个信念是如何形成的？只有找到这个源头，我们才会有机会做出不一样的选择，不一样的结果才会发生。

面对焦虑和恐惧

关于焦虑

在我最近的一次团体带领课程中，有一位学员站起来分享，她告诉我们，在这几天的课程中她对自己有了很多新的发现，在教室内她能感受到自己越来越有力量；不过离开教室回到生活中，她发现好像自己还是没有什么改变，内心觉得很纠结和难受，有很多的焦虑。

从她紧皱的眉头中，我的确看到了她的迷茫和困惑；从她说话的语气和语调中，也能感受到她内心的挣扎和焦虑。我在现场对其他同学做了个调查，问还有谁也有类似的困惑，觉得这几天学习到的和自己以往的认知存在一些混淆，这些混淆也给他们或多或少带来焦虑？也有另外一些同学举手示意，表示他们也有同样的感受。

在这几天的训练中，我带领学员开始诚实面对他们自己，停下来对他们以往人生做了一个回顾和总结，检查他们潜意识的核心信念，学习开始修订和更新自己的人生地图。在我看来，在这几天的学习中，学员如果有混淆的感受，那是一件很正常不过的事情。

以我们潜意识的核心信念为例，我们大部分的核心信念在童年时期就已经形成，并且从那个时候开始指导我们的人生，从过去到现在，直至将来。但不可否认的是，时代在变化，环境在改变，社群在更新，有一些核心信念也需要调整。我常常会举一个拿上海地图到上海旅游的例子，我们童年时期形成的那些指导我们人生的大部分核心信念，就好像是10年前，乃至20年前，甚至是年代更久远的上海地图。如果你带着这样的旧地图来到现在的上海旅游，一定会迷路，不知道该如何去到目的地。现在来上海旅游，带最新版的上海地图无疑是最有效的，这几天的学习就是我指的更新自己人生地图的意思。

对于混淆的恐惧，及随之而来的焦虑感，其实是我们的自动化反应。中立地看来，混淆的意思是对一个事物产生不同的甚至是相反的认知。过去我们对于混淆的恐惧，源于我们的潜意识中认为混淆是不好的！混淆会失去控制！由于这些信念的产生，因此面对混淆产生抗拒的态度和纠结的体验，以及更深层次内心底层的焦虑感和不安全感。出于一切尽在掌控中和内在的安全感的需求，因此以往常常把力量用在杜绝混淆的产生上。

对混淆的恐惧和抗拒，是我们不敢冒险和改变的一个重要原因，不愿意面对未知和挑战。因此，常常让自己待在舒适圈和安全区。这样做当然会带来舒适和安全，但是要付出的代价就是不再有改变和成长，只是不断地维持现状，哪里也去不了！心理学家罗洛·梅把"疯狂"定义为"一次次重复同样的事情，希望得到不同的结果"。问题是，在生活中，我们往往做着这样很疯狂的事情，还以为自己很正常。

平静如镜的湖面上丢下一块石头，泛起涟漪的同时，石头掉落湖底带起的泥土会让湖水产生浑浊。但是很快，湖水会重新归于清澈。没有新的湖水进入，原有的湖水就会变成一潭死水，慢慢地发黑发臭甚至干涸。就好像在生活中，有很多人永远认为自己是对的，不愿意接受任何新的思维，不愿意看看自己的核心信念中有什么是行不通的，不愿意去修订和更新自己的人生地图，他们往往是刻板、守旧、顽固的代名词。这样的人，往往在生活中很难以靠近。

混淆，是因为有新的、不同的东西进来；混淆，是暂时的；混淆，是清澈的开始。 你要做的就是调整自己对于混淆的看法，允许混淆的存在，接纳混淆到清澈是需要一个过程的。没有混淆，就没有清澈。混淆，恰恰是一个全新的开始！

关于恐惧

恐惧，意指惊慌害怕，惶惶不安。它是一种心理活动状态，是一种情绪，是指人们在面临某种危险情境，企图摆脱而又无能为力时所产生的担惊受怕的一种强烈压抑情绪体验。

一直以来，我有一个习惯很不好意思让别人知道，就是我从小到大一直很恐惧黑暗，确切地说是我在一个人的时候很怕黑。最近几年，由于外出学习和讲课的关系，常常需要住酒店，每每晚上入睡前，都要在房间内留一点灯光，才能安然入睡。甚至在自己家里，有时候太太不在家，我也会有这个习惯。有时候想想都不太好意思，禁不住嘲笑自己，都四十好几的人了，咋还会怕黑呢？

都说勇者无惧，以往我对这句话的理解是，勇敢的人是不会有恐惧的。小时候就一直想做一个勇敢的人，可恰恰我自己又很怕黑，每念及此，内心常常会生出些羞愧的感觉来，觉得自己实在是胆小如鼠，实在谈不上是一个勇敢的男子汉。其实，独处时我恐惧的不是黑暗本身，引发我内心恐惧体验的是我对于黑暗的看法。我其实是恐惧在黑暗中的某种未知的危险或事物，而面对这种未知的危险或事物，我认为自己是无能为力的。正如原始人天黑就待在洞穴里不出去，是因为恐惧会被在黑暗中潜伏的猛兽吃掉一样。

当你对某一个事物恐惧时，要学会区分的是，到底你恐惧的是这个事物本身，还是你认为的这个事物的样子，也就是你对这个事物的认知和看法。举例来讲，我身边有的朋友对婚姻充满了恐惧，由于对婚姻的恐惧，甚至把自己封闭起来不愿意和异性深入交往。对婚姻恐惧的源头往往来自原生家庭，童年时期常常看到的是父母的争吵甚至是暴力，成长过程中对于父母婚姻状况的评估和判断，让他们对婚姻的看法大体上是负面的。在潜意识中，诸如"进入婚姻会带来伤害"，或是"婚姻是爱情的坟墓"之类的信念，就像埋藏的定时炸弹，每当和异性交往到一定阶段，特别是要在关系上更进一步，就会自动化地触发引爆，让他们从关系中夺路而逃。

恐惧之所以会一直存在，是因为我们从不愿意真正面对恐惧，当我们体验到恐惧时，我们的自动化反应就是逃离。逃离的结果，就是始终无法摆脱我们所恐惧的事物的影响，无法真正突破对于它们的恐惧。要摆脱对某种事物的恐惧，你需要的是诚实面对自己的恐惧，才能深入了解你恐惧的到底是什么，从而看到自己以往对这个事物的经验认知，及背后的限制性信念。只有这样，恐惧才会真正被克服。

一个以往恐惧婚姻的人，只有诚实面对自己对于婚姻的恐惧，才能看到自己对于婚姻的真实看法和态度，才能发现自己对于婚姻认知的盲点，才能有机会正确看待婚姻和家庭，然后把焦点放在自己承诺要实现的婚姻和家庭目标，在过程中负责任地经营好婚姻和家庭，才能去创造幸福美满的生活。

恐惧，是我们的一种情绪，是人活着就会面对的一种必不可少的体验。逃避恐惧，永远会被恐惧奴役；面对恐惧，才能产生勇气。勇者无惧，并非勇敢的人就不会有恐惧，或是勇敢的人不知道什么叫做恐惧；勇者无惧，是指勇者无畏恐惧勇敢的人敢于面对自己内在的恐惧。当你可以不逃避自己的

 点亮心灯

> 恐惧之所以会一直存在，是因为我们从不愿意真正面对恐惧，当我们体验到恐惧时，我们的自动化反应就是逃离。

恐惧体验，带着觉知面对自己的恐惧时，你就是勇者，你将会看到你也同时具有无与伦比的勇气和力量。

允许的力量

有一天晚上从家里步行去接太太，路上我们一起探讨了一个心理疏导个案。这位朋友36岁了，目前还没有男朋友，第一次她在和太太约面谈时间时，太太问她贵姓，没想到对方丢出来一句，"现在你不用问那么多，见了面你不就知道了吗？"虽然是需要得到太太的帮助，然而对方的语气听上去却并不是那么友善。

太太外表温婉可人，心气却是颇高，听到对方言语的那一刻，原本心下有些不快，换作以往可能就会直接告诉对方这个约会取消。不过她转念之间

想到，对方之所以会需要帮助，不正是因为有这些状况吗？一念及此，心情瞬间平复。面谈以后，效果甚佳。这位朋友原本怨闷而来，结束时含笑而去，直夸和太太沟通很愉快、很舒服，而且她也看到自己接下来要如何做出调整。

这位朋友有太多的标准和过于自我，在她的信念中有太多的不允许！比方说，交往过一个男孩子，因为对方多打几个喷嚏，就担心对方身体可能会不大好，就会联想到以后如果成家了还不得要做牛做马地照顾对方！从此，她就决然不再和对方交往。类似的情况很多，所以一直也没有能找到合适的对象。的确如此，因为我们自己的不允许，给自己的生活平添了很多烦恼！而我们却往往并不自知，反而怨怼他人，怨怼环境，但结果却一直于事无补。

我不由得赞叹太太的聪慧，换作是我，相信在同样的语境中，我未必能做出和太太同样的选择。假设一下，如果太太取消了这个约会，以对方个性势必愤懑难平，多半就会向太太服务的机构投诉太太无故取消约会，因此让太太在别人那里落下个耍性子的口实。太太呢，可能也会因取消约会认定这位朋友无礼，也会埋怨怎么给自己推荐这样的客户，影响到自己的心情。

太太的聪慧就在于，那一刻她允许对方就是这样的实相，因此对方才会需要她的帮助。这也是因为有了太太的这份允许，才更能了解对方并非有意针对自己，而是对方无意识的自动化习惯。因此，对于对方多了一份理解和接纳，让她能收到自己的同理心，在面谈的过程中才会愿意对太太信任和开放。正是因为有了一个信任的基础，也才能有助于对方得到自己对她的支持，看清楚她自身的问题关键所在。

事有凑巧，今天在一次团队活动中，正好有一位学员做个案分享，我给她的贡献正是在生命中要学会"允许"。我还清楚地记得，在大约一个月前她刚来参加课程学习时，她站起来分享，说到自己在生活中觉得最委屈和难过的是，自己一直都在对身边的人付出，可是却很少能收到别人的回报。我给她这个关于"允许"的回应后，瞬间泪水闪现在她眼眶中。她分享说，的确是这样的，就拿她和自己弟弟的关系来说，她的弟弟对她说得最多的就是，她这个姐姐的确是很关心自己，很愿意支持自己，可是总是要拿她的标准来要求自己，不允许他这个做弟弟的达不到她要求的标准！他收到的不是姐姐对自己的爱，而是姐姐的强势、控制和霸道！这样自然关系上就会很紧张，当然谈不上给她什么回报。

对别人的不允许，其实就是对自己的不允许。一个对别人有很多要求和标准的人，其实对自己更为严苛。 这位学员在自己的事业和生活中，就是一个不允许自己做不到，不允许自己做错，不允许自己不如别人，不允许自己的形象在别人心目中不够好的人！在朋友圈，她就始终要让自己是一个光芒万丈的大姐大形象！每当对方和自己在同一件事情上有不同观点时，要让她接受自己不同意的对方的观点，简直是比登天还难。在她的潜意识中，如果那样做，就说明自己是错的，是不如对方的！而她恰恰是一个要永远证明自己是对的人！难怪把自己活得那么累！

以往的我，也是一个不懂得允许的人！我也不允许自己犯错，不允许自己落后，不允许自己做不到，不允许自己赢不了。每天就好像是一个身披铠甲的战士，总是在战斗，常常忽略身边人的感受。我不仅对自己有很多不允许，同样对自己身边的人，特别是自己最亲的亲人，同样是诸多的不允许，这样的结果，就是把大家都搞得很痛苦。比如，以前我很不能允许儿子的学习成绩不够好，不允许我辅导儿子做作业时，儿子的理解力和效率达不到我要的标准。这样的结果就是把儿子搞得很恐惧，只要我辅导他做作业时就会很紧张，看到我时他就像是一只受惊的小鹿。慢慢地，儿子在我面前越来越没有自信和活力。当我开始学会允许，允许儿子可以有他自己应有的表现，允许儿子可以达不到我要的标准，允许儿子就是做他自己，儿子开始越来越有自信，越来越阳光。

允许，并不是没有要求，更不是放弃。允许，就是接纳事物其原本应有的样子，允许就是顺势而为，允许就是道法自然。既然焦虑和恐惧发生了，就允许自己面对焦虑和恐惧。允许的力量，会让我们开始学会面对，开始把焦点放到自己的目标上，会让我们的生活更多姿多彩，更轻松、愉悦、幸福。

拥抱压力

熟人见面，时不时耳边会听到类似的对话，一个人问，"老兄，最近怎么样？"另一个人话未出口先叹了一口气，"不瞒你讲，最近压力山大呀！"这里说的压力，并非指物理意义上的压力，在身体上承受了多少负担，而是指心理上的压力。

按照心理学的解释，心理压力是指人作为个体的主观体验和感受，是在生活适应过程中的一种身心紧张状态，来源于环境要求与自身应对能力的不平衡，常常发生在面对困难和挑战时。我们常常会听到，甚至是自己也会对他人的抗压能力作评价，某某抗压能力强，某某抗压能力弱。这里指的抗压能力，其实是当面对心理压力时调适心态的能力。抗压能力强的人，并非说面对压力时无动于衷，而是能够在面对压力的当下，快速调整好自己的信念和心态。

当面对压力时，不同的反应，带来不一样的结果。在面对压力的当下，一种反应是自动化，即无意识地选择；另一种反应是有意识地选择。自动化的反应与以往面对压力时的反应是一致的，而且大体是负向的。这与我们在面对压力时，内心渴望保存自己、求得安全感有关。

前不久的课程训练中，有一位学员对于其中的一个练习环节非常抗拒，整个过程从一开始的消极、被动应对，到后面干脆用睡觉的方式逃避面对。最终和其他参与这个练习环节的学员相比，自然缺少一份赢的体验。他在这个练习中的自动化反应，与以往生活中面对困难和挑战时的反应模式是一样的。在生活中很多时候面对困难和挑战时，也常常表现出这种任性、自我和情绪化，觉得不爽就放弃，就撂挑子不干了。

自动化的反应，是基于面对压力时的情绪和体验而发生的，人的本性是不喜欢去面对挑战和困难的，是不愿意体验压力下的负向情绪和感受的。因此，就像上面提到的这位学员，为逃避压力会从事件中离开以求得舒适。这种舒适往往是短暂的，带来的代价和痛苦却是长期的。可以想象，一个人在面对困难和挑战时，如果常常在自动化的反应中，要去创造出自己想要的幸福人生，那只会是幻觉和奢望。

如果说自动化的反应是逃避面对压力，那么另外一种有意识地选择的反应，我称之为拥抱压力。人这辈子想要逃避压力是不可能的，压力无处不在。开个玩笑，只有死人才没有压力。既然如此，我们可以选择改变自己面对压力的态度。

压力本身不是问题，对压力的看法和态度才是关键。对压力的不同看法和态度，决定了面对压力时的不同反应。而压力的源头，在于对产生压力的事件的看法和态度。

拥抱压力，首先要做的是，愿意诚实面对自己在压力下的负向体验、情绪和感受。这样也许会让你在面对的当下是不舒服的，不过这会让自己清楚地知道，在产生压力的事件中，你当下的位置是在逃避还是在面对？接下来才有机会让你看清楚自己对压力事件的看法和态度。

和逃避面对压力的自动化反应是基于情绪和体验做出的选择不同，有意识选择拥抱压力的反应，往往和目标有关，是基于要去实现自己的目标做出的选择。人的成长和改变，离不开压力，越是想逃避面对压力，反而会不断面对更大的压力。越是抗拒面对的，越是会持续地面对。拥抱压力，虽然也不轻松，不过过程中会有学习和成长，你会更有成就感，并最终得到你想要的结果。

拥抱压力，短期的痛苦，换来长久的幸福与快乐。

练习
PRACTICE

准备好一支笔和几张 A4 白纸，给自己一个安静的时间和空间，鼓励你诚实面对自己思考下面的问题，并且在白纸上记录下你认为有必要的：

1.回到过去，你看到那些影响自己人生结果的信念的源头在哪里？

2.在生命中，给你带来焦虑和恐惧的是什么？

3.你看到这些焦虑和恐惧背后的信念是什么？源头在哪里？

CHAPTER | 第四章

FOUR | 看清迷雾的慧眼

引言

　　区分，指的是把两样不同的东西分清楚。在我看来，如果你具有区分事物的能力，无疑你就拥有一双看清楚自己人生迷雾的慧眼。

　　在生活中，我们常常会混淆目标和渴望，我们常说的目标泛指预期要得到的成果，而渴望就是迫切地希望或殷切地盼望的意思。目标，和目的有关；渴望，和当下的出发点有关。如果混淆了目标和渴望，就会搞乱目的和出发点，往往在过程中就会本末倒置，给自己带来不好的或是不想要的结果。

　　就像在前文第二章"我是丑小鸭！"文中提到的案例，那位朋友本来参加活动是带着自己的目的的，其中的一个目标就是要得到案例支持。可是在那个当下，当她发现自己想法和别人不一样时，她的出发点就改变了，因为渴望得到大家的认同，所以就和大家说着听上去大致一样的话语。如果我不是出于好奇探究其背后的原因，那天的活动她未必就会有机会得到支持并找到其内在的症结。

　　在那天的活动中，有另外一位朋友分享了他的烦恼。他有一个客户，在他过去事业发展的过程中给过他比较大的帮助，所以他在内心一直感恩于这个客户。令他现在烦恼的是，两个人之间一直有着生意上的来往，和他对待别的客户不同的是，他一直不好意思和这个客户提到钱方面的事情，他拉不下脸来向对方要账。往往都是在再拖下去公司资金就要出问题了的阶段才会去找对方，一方面把自己搞得够呛，另外一方面又总觉得对方对自己的做法好像也不是很领情，在自己心里面也暗暗有些不爽。

他说，在这件事情上，他想要达到的结果是既可以解决自己在要钱上的顾虑，又可以继续和对方保持好的合作关系。以往他在和别的客户合作的过程中，都不太会有这样的问题发生，他还是比较有立场的，总是先把合作条件讲清楚才开始做生意。

而在和这个客户合作生意的过程中，他不太好意思谈清楚条件的原因，是因为他听别人说过，和这个客户谈钱方面的事情对方容易不开心。另外，他也怕自己说了和没说一个样。其实，在这里他已经有了预设，和这个客户是不能谈钱的！还有，别人说的就是事实。别人和这个客户做生意的过程中不能谈钱，我也就不能谈钱。所有的这些都是他的假设和演绎，而并非一定是事实！因为在合作过程中，他都没有和对方明确地事先把钱方面的事情谈清楚！做都没有做，就预设了会发生肯定做不好或做不到的结果。

他自己也觉察到，在和这个客户的关系中，把对方看成恩人多过客户，始终把自己放在比对方低的位置上。事实上，把对方看成恩人是没有问题的！我问他，你是要报恩，还是要合作？也就是说，在和对方合作的过程中，渴望报恩的心态是可以理解和接受的，报恩是出发点也是没有问题的。他现在的纠结就是源于混淆了目标和渴望，合作的目的应该是共赢，如果把报恩的渴望混淆成目标，自然就不好意思提钱方面的事情，而这个合作从长远来看，就一定会有问题。他要做的就是，区分清楚自己的目标和渴望，可以带着报

点亮心灯

在日常生活中，很多时候我们不懂得该怎么拒绝别人的要求或请求，尤其当对方是和自己比较熟的朋友时，更加觉得张口拒绝是一件很难以启齿的事情。

恩的心态和对方合做生意，只是始终清晰合作的目的是要去创造共赢的结果，别人赢，自己也要赢。是一种平等的关系下的合作。

这位朋友其实是一个很重感情讲义气的人，我问他，对于这个客户来说，如果你先跟他讲清楚条件表明自己的立场，你会怎么看待自己这样的做法？他说，觉得自己这样做的话，对方会认为自己不信任他，会损害感情，无法继续合作。这又是一个假设和演绎，而非事实。是的，当然有这个可能性，但是那只是可能，而非一定。也许甚至在他的潜意识中，害怕自己被对方看成是一个忘恩负义之人吧！当然，最后这句话只是我的猜想而已。

关于目标和渴望，我自己曾经也混淆过，也为此付出过代价。我有一位好朋友，在我人生路上的一个关键时刻支持过我，对此我一直心存感激，总想有机会可以报答他。几年前，当我还是一个房地产人的时候，我们合作一个生意，过程中发生了一些故事，最后我离开了。而这个结果，其实并不是我想要的。不过幸运的是，在我心里面，这段波折并没有影响到我和他的关系。

我们常常生活在一团迷雾之中，拥有区分的能力，可以让你拥有穿越迷雾的慧眼和力量；如果不懂得区分，注定常常会把自己放在进退两难的境地。

不知道你是否曾经也有过类似的经历：某一天，你的一位朋友找你，请你帮他／她一个忙，尽管你最后答应去帮对方这个忙，不过你内心其实是不情愿的。原本你是想要拒绝对方的，只是发现自己好像很难开口说不。

的确，在日常生活中，很多时候我们不懂得该怎么拒绝别人的要求或请求，尤其当对方是和自己比较熟的朋友时，更加觉得张口拒绝是一件很难以启齿的事情。有的时候犹豫再三，即便你最终选择还是拒绝别人，可心里面却无端给自己加上负担，下次若有机会见面，自己倒弄得挺难为情的，总觉得好像欠了对方什么似的！

恰巧有一次在训练中支持一位学员，当时他站起来分享说，他平时在生活中很难拒绝别人。这位学员是一个很理性的人，看上去成熟稳重，喜欢分析思考，很有自己的一套理论。对话时他的习惯是不太愿意直截了当回答，貌似很警惕别人会在问题中挖坑给他跳；另外他对别人的言语喜欢评估判断，感觉上时刻准备着找个漏洞给对方狠狠一击。

我问他，为什么很难拒绝别人？他巴拉巴拉说了一堆似是而非、听上去很有道理的东西，然后，我就直接问他了，你认为什么样的人才会很难拒绝别人呢？在他开始思考的时候，我又问课堂上其他同学同样的问题。有好些人差不多同时说道，注重形象的人！要面子的人！

征得他的同意后，我给了他一些回应，他给人的感觉一直是四平八稳，感受不到情绪的波动和变化，我开玩笑说有点像和电脑对话的感觉，其他同学也说的确有这样的感觉。如果你觉得拒绝别人是一件很困难的事情，那么当对方对你提出要求或请求，即便你心中并不情愿，可是大多数时候你却往往会自动化地去答应对方的要求或请求，这已经成为了你的一个自动化的模式，或者说是一个习惯。

有的时候，你明明知道自己困扰于这个自动化模式或习惯，也很想改变。可是不管你曾经告诉自己多少次，下次一定要当机立断拒绝；然而一旦面对对方的请求或要求，你又会做出言不由衷的选择，事后的你又再一次懊悔不已，然后再一次告诉自己下次绝对要有立场！不断如此反复，却始终难以开口拒绝！要学会拒绝，或许我们要做一些更深层次的探索。

也许对你来说，你很在意别人会怎么看你，很在意你在别人心目中的形象！因此，你做选择的出发点就会倾向于满足对方的需求，而非你自己内心真实的感受。也许在你的心目中，你会认为，满足了对方的需求就会给你带来好的评价或是对方对你的认可。因此，很多时候当对方对你有要求或请求，你会选择宁愿让自己受点委屈也要让对方的需求得到满足。

还有一种可能性，就是你认为如果自己不能满足对方的需求，就代表着自己没有能力或没有价值。因此，为了证明自己是有能力的，或者证明自己的价值，往往也会无意识中认可别人对你予取予求，助长对方对你的索求无度。满足对方的需求，成为了你证明自己重要性或价值感的一个重要途径！对有的人来说，甚至成了一个唯一的途径！

另外一种可能性就是，你认为如果拒绝了对方的需求，就会伤害对方。同样，这也可能只是一个你自己一厢情愿的想法，这只是一个信念，而非事实！只要问问自己就好了，在生活中难道你不曾面对过别人的拒绝吗？当别人拒绝你的时候，是否真的伤害到了你呢？也许这背后的真相可能是你很害怕——因为拒绝，从而会影响到对方和你的关系，以及因为关系受影响而带来的结果，而并非真的是你害怕或担心伤害对方。

无论是上面哪一种原因，你都可以看到，面对对方的需求，所有的出发点都忽略了很关键的一点，就是这是否真的是你心甘情愿做出的选择？你是否真的尊重过自己的真实感受和体验？如果对方的需求并非你内心的情愿，即便你选择满足对方的需求，往往也会带着纠结和无奈的心态，心情自然不会好到哪里去！然后你的大脑就会找出各种合理化的理由和借口，也许你会告诉自己对方真的对你很重要，或是告诉自己也只有你能帮对方了，又或者是如果你选择不帮，对方就会走投无路等，总之一定会为自己找到一个让你可以忽略自己内心感受的绝好理由。久而久之，你会把屏蔽自己内心感受变成一种习惯，让自己不再去体验内心的感觉，因为人都是不愿意面对不舒服的感受或是体验的。

就像这位学员，面对我和大家给他的回应，很显然他边听边在大脑中飞速地过滤，看看我和大家说的哪些有道理或是哪些他觉得是对的！他把我给他的支持，当成了对他的不认可，甚至是指责和否定。他愤愤地说，我在利用同学们一起绑架他认同我的观点！我问他此刻心情怎么样？他脱口而出，我没情绪！这真的是很有意思，所有人都能感觉到他此刻的愤怒，他还说自己没啥情绪。

如果你始终有一个声音告诉自己，只有你认为有道理的，或是你认为对的，你才愿意接纳，无疑你所有的学习都是在自己已知的范畴内，自然就很难去接纳新的观点或理念，当然更加谈不上改变。因此，很多时候你也就往往在自己的自动化模式或习惯中而不自察，这样也就让自己少了一份在当下的觉察力。

改变，从觉察开始。每个当下的觉察，对自己诚实是基础，当对方对你提出要求或请求，诚实面对自己内心真实的体验，觉察你对于拒绝的看法，自然你就懂得该如何做出选择。

觉察之后，懂得区分是很关键的一步！在生命中学习区分，拥有区分的能力，可以帮助你在每个当下做出最好的选择。在人生当中，懂得人生的几个区分点，在我看来会让我们在生命中看清人生的重重迷雾，在向自己人生愿景和目标靠近的行动中事半功倍，能够更加有效和高效地创造出自己要达到的人生成就。

信念与事实

在一次团体活动中，有一位女士站起来分享自己的故事，她个子瘦小，看上去白皙文静，戴着副眼镜。握着话筒的一只手在轻微发抖，另一只手抱在胸前，用手掌抵住握话筒的那只手的手肘，看上去有点紧张，说话还带着些许颤音。

她说自己从小就很在意别人对自己的看法，后来哪怕自己创业做生意也是如此。她原本开了家服装门店，但是自己在店里的时候，员工总希望她帮她们顶班，以方便她们可以在上班时间请假办私事。每次员工提出这样的要求，她虽然心里很不舒服，不过总是表面上装作毫不在意，面带笑容应承下来。过分的是员工反而竟然可以要挟她，扬言如果她不答应自己就不干了！因为担心员工离职，她只好经常在店里替员工顶班。

更过分的事还在后面，她有几次发现账目有问题，有时候竟然会假装没看见。有些时候实在忍不住指出来，员工也只要把现金补回来就可以了，没有任何其他的处理措施。令人哭笑不得的是，后来她竟然眼不见为净，干脆很少去店里面。她说自己当时的想法是，只要没看见这些事情，这些事情就不会发生了！典型的鸵鸟心态！最后的结果可想而知，她后来就只好把店关掉了。

她名义上是老板，实际却干着店小二的活！我问她，做老板做得这么憋屈，为什么？她说自己很怕别人不开心。我问她，别人不开心又会怎么样呢？她说这样别人就不喜欢自己了！原来在她的潜意识中有一个信念，只有让别人开心了，她自己才是有价值的！所以，这才造成她在关系中那么重视对方对自己的反应和认可！

她一直相信，只有让别人开心了，自己才会有价值！却没有觉察到，这只是一个信念，而不是事实。事实上是，虽然她一直在想办法让她的店员可以开心，极力避免发生她不希望看到的事情，结果却是她自己越来越憋屈，越来越没有价值感！

即便和朋友们在一起，她也是这样的模式。"让别人开心自己才是有价值的"，当她在潜意识中把这个信念等同于事实时，在关系中她就会把所有的注意力放在如何可以让对方开心。所以，如果和朋友在一起，她都会很体贴地照顾对方的需求，非常在意别人的反应。她往往会察言观色，迁就讨好对方，忽略自我，没有把自己放在很重要的位置。难怪，看到她整个人的状态，在我眼前浮现出的一个画面，她就如同惊弓之鸟，又好像是很怕受到伤害的小动物，惊惶不安。

人在潜意识中有一个盲点，就是认为自己相信的就一定是事实。当我们这样认为时，往往会在生活中给我们带来很多困扰！

本来按照学习规定，下课后不可以喝酒。在第二天下午就要结束这次学习了，前一天的晚上大家聚餐，有不少同学都喝了酒。有一位男同学分享，说自己因为遵守规定昨晚没喝酒，现在心里有些难受。我问他为什么呢？他说大家都喝了，自己没喝，认为自己对其他同学不够兄弟！

接下来我做了两个调查，第一，问另外没喝酒的同学，对于自己能做到遵守规定，心情如何？其他同学的回答是，蛮开心的。第二，问其他喝酒的同学，你们喝了酒他没喝酒，有没有认为他不够兄弟？那些喝酒的同学都说没有这样的想法！他认为大家都喝了自己没喝，不够兄弟！这是信念，是他自己相信的观点和看法，而不是事实！我做的那两个调查，才是事实。正是因为他相信自己这样做不够兄弟，所以即便他做到遵守规定也不开心，反而很难受！

和这个信念类似的其他信念，给他带来了很多不必要的干扰。原本他很想多花些时间陪伴自己的太太，可总是很难做到。他也觉察到，自己无谓的应酬太多，原因是他潜意识中相信，如果不去应酬，就会少掉很多机会，失去很多信息。所以即便自己在家里了，往往朋友一个电话过来，就会出去应酬。他只有改变这样的信念，才可能真正做到对太太有更多的陪伴；信念不改变，结果不会不同。

还有一位同学分享时，抱怨其他分公司的同事总套路自己，给自己挖坑。原来，他们总公司一共有三个分公司，另外两个分公司的同事总爱找他打听他这个分公司的事情。他呢，有问必答，结果他们这个分公司有些不该让其他分公司知道的商业机密，就被他无意中给泄漏出去了。

我问他，什么原因会有问必答呢？他说如果对方问自己，自己不回答对方的话，总觉得这样做是不尊重对方。我接着问他，如果不尊重对方，会给他带来什么呢？他说这样对方就不会喜欢自己。正是因为在潜意识中，他相信，如果自己不回答对方就是不尊重对方，就得不到对方的喜欢。这也是一个信念，而非事实。正是在这样的信念影响下，他才会有问必答。同样，在生活中由于他往往把焦点放在要得到对方的喜欢，所以常常是老好人一个，做事没有立场，存在讨好的课题。

 **点亮心灯**

　　信念未必是事实，事实是客观存在的，不会发生改变；而
信念是可以改变和调整的。

　　信念，指的是我们相信的观点和看法，以及价值观；我们不但相信，而
且信以为真，潜意识中认为这些观点、看法和价值观是事实。但是信念未必
是事实，事实是客观存在的，不会发生改变；而信念是可以改变和调整的。
区分清楚信念和事实，可以让我们在生活中少付不必要的代价，不会有那么
多的困扰。如果受困于自己信念的制约，可能会导致我们在生活中付出巨大
的代价！

　　同样是在这一次培训中，有一位同学站起来分享自己的故事，才说没几
句就开始泣不成声。2009年底她大学毕业，进入一家上市企业下属的建材销
售公司，从基层销售人员做起，由于她非常努力勤奋，很快从同事中脱颖而出。
3年的时间，成为公司负责销售的营运经理，独立负责其中一个门店的销售管
理，也进入了公司管理层。

　　她所负责的这个门店，在她的带领下取得非常好的业绩，而且门店也即

将在完成装修翻新后焕然一新，一切看起来都是那么美好，仿佛看到大好的前途在向她招手。然而她没有想到的是，领导决定调她到另外一家门店负责，这家门店是个老大难，位置不算理想，换了好几任负责人，业绩还是一直上不来。她内心非常不情愿，不过还是接受调职。到年底由于没有完成和公司对赌的年度销售目标，不仅收入减少，而且损失了三万元对赌金。2014年底，她一气之下辞职离开公司。从那之后就一直封闭自己，不愿意和外界接触，内心很自卑。即便这件事情已经过去4年多了，依然能感受到她内心的愤怒和怨恨！

关于被调职这件事，她从一开始就相信，领导这是在故意把她往火坑里推，她被别人利用和暗算了！这是由于这样的一个信念，导致她从一开始就对领导不信任，从头到尾都没有和领导做过任何沟通，也没有对领导表达过对调职的任何异议，最后辞职也用的是很决绝的做法，大家都很不愉快。

也许和从小到大的成长经历有关，养成了她任性和自我的习惯。这次经历让她相信，做领导的都是在利用别人，利用完了就卸磨杀驴！所以这样的信念也让她很恐惧，不再愿意出去找工作，也不再愿意和陌生人打交道，把自己封闭起来。

当一个人相信自己的信念就是事实时，她就看不到任何其他的可能性！她被调职，也可能是领导对她寄予厚望，认为她有能力带好新的门店。也可能是领导要考察她，用一个困难的环境锻炼她。因为事实上她辞职后，其他同事对她说过，领导原本很器重她，是想她能够把那家店做起来。而且，在她辞职之前，总部的领导都在公司会上表扬她，感叹她不容易。

但是由于她相信自己之前对领导的看法就是事实，所以这些正面的信息都被她视而不见听而不闻；加上她的任性与自我，导致她根本没有和领导做任何沟通，直到最后双方关系破裂造成双输的局面。原本她有机会有更好的结果，如果她在听到调职消息时能够和领导及时做一个沟通，了解领导对她调职的意图，表达自己内在的担心和愿望，相信结果会不一样；即便调职是不可避免的，但她如果选择用另外一种正向的负责任心态面对调职，在工作中就不会经常在一个纠结抱怨受害的心态里，也许又会是另外的一个结果。

我们的信念会决定心态（态度），心态会影响行为表现，不同的行为表现会带来不一样的结果。在生活中，保持觉察，区分清楚信念与事实，这是一种很重要的能力，甚至可以说是一种很关键的能力。

准备好一支笔和几张 A4白纸，给自己一个安静的时间和空间，诚实面对自己，并思考下面的问题。如果你认为有必要的话，可以在白纸上写下任何你想要记录的东西。

1.你看到自己在生活中有哪些最主要的信念？把这些信念记录下来。

2.通过对信念与事实的区分，你觉察到自己把哪些信念视为事实？

3.这样给你的生活带来了什么样的影响？

回应与反应

前几天和两个朋友一起聊天，有一个朋友说到自己个性中马虎随性的一面，比如在家里个人物品顺手就放下，结果要用时找不到了；有时在外面也会丢三落四，甚至手机都掉了好几个。她分析自己的这种个性可能和她母亲有关，她母亲在生活中是一个很严谨有条理的人，自己从小就被母亲要求。她的话还没说完，就被另外一个朋友很不客气打断了：都多大的人了，还受害于自己的父母，还拿自己父母当挡箭牌！这样有意思吗？

好在这两位朋友素来交好，又是很久不见，老友重逢，并没有被这个小插曲影响心情，我们反而就这个小插曲开始了讨论。其实分享故事的这位朋友她说到自己的个性可能和母亲有关时，并没有受害抱怨的意思，只是很平静客观地去分析个性养成的源头。而给出反馈的这位朋友，话还没听完，就打断对方，其实并不是在给出回应，而是进入了她自己的一个自动化反应。

她的这个自动化反应源于和她儿子的关系，她儿子20岁了，常常说自己受害于她这个母亲。"我之所以会有今天的这

点亮心灯

> 回应，是基于感受，感受就是此时此刻此地，需要在当下
> 保持觉察。反应，是基于评论、判断、假设和演绎，这些是建立
> 在以往的经验基础上的。

个样子，还不都是因为你从小对我这样那样。"类似于这样的表达，在她和儿子的相处模式中，她是很熟悉的。因此，在她潜意识中会形成一个信念，就是凡是说自己的习惯与父母有关，就是受害于父母，是为自己可以不用负责任找的借口。她认为这是不负责任的，对这样的说法她内在是愤怒的。因此，当朋友那样分享时，就引发了她的自动化反应。她当下那样的反馈，其实也是一种投射，把对她儿子的评论和判断投射到了分享故事的朋友身上。

在生活中，能够有效地区分回应和反应是很有必要的。特别是在关系中，很多时候之所以会造成在关系中卡住的局面，都是因为沟通无效，往往是和没有做好这个区分有关。就像上面讲到的这个案例，如果不是因为恰好我们三个人都有相似的学习背景，能够敞开自己在当下保持觉察，有可能就会是另外一个不同的结果。

大家可以设想另外一个场景，一个人毫不客气打断对方，都多大的人了，还在为自己找借口！另一个人火冒三丈，你太不尊重人了！你都没听完我说什么就给我下结论！当两个人都进入各自的自动化反应时，焦点都在于证明自己是对的，都要为自己寻找安全感，然后带着内心对彼此的看法和评论不欢而散。这样的场景，在我们的生活中也是很熟悉的，我们生活中的很多关系就是这样开始慢慢变得疏远，甚至都不再保持联系。

回应，是基于感受，感受就是此时此刻此地，当我听到、看到对方当下的言行时，带给我的体验是什么？而这，需要在当下保持觉察。只有当下的体验才是真实的，建立在真实的体验基础上的回应，是能带给对方感同身受的。反应，是基于评论、判断、假设和演绎，这些是建立在以往的经验基础上的。这些都不是事实，不是真实的。因此进入自动化反应，并不会让结果变得更好。

例如，我渴望得到对方的认可和尊重，很抗拒被对方看成是一个自以为是的人。当我认为对方没有认可和尊重我的时候，我的一个自动化反应就是开始解释和证明自己，我越是要解释和证明自己，对方越是看见我的自以为是和自我。

有一次在培训课程中，有一位男同学站起来分享，说自己昨晚和太太吵了一架，没睡好，很早就来到这里，在车上睡了几个小时，现在很难受。我问他发生什么了？他说原本昨晚和大家聚餐后，是想早点回家陪太太的，也答应过太太会早点回家。没想到，后来又接到朋友的电话，要他一起去玩，结果他就放了太太鸽子。

回家后，太太说他学习没学到东西，还是和以前一样，不遵守承诺。刚开始他还能心平气和跟太太解释，没想到太太不依不饶，继续抱怨他一点都没改变，而且还越来越觉得自己这样做有道理了。最后他就爆发了，转而抱怨太太也没有任何改变，而且还比自己早参加学习呢！

我问他，有没有看到自己抱怨太太没有任何改变的出发点是什么？他在昨晚面对太太的抱怨时，不自觉地进入了自动化的反应，在抱怨的那一刻，他的出发点其实是要证明自己是对的，目的是要让太太闭嘴，这与他要多花些时间陪太太的初衷完全背离！

根据这几天的观察，我认为他是一个内心很柔软，温暖体贴的男人，在分享时讲到他的太太都能感受到他温柔的一面，还有内心对于常常应酬、很少陪伴太太的愧疚。然而当他面对太太的抱怨时，不自觉地进入了自己的自动化反应，而非对于太太的抱怨做出诚实的回应。为了证明自己是对的，最后连自己当初要多陪伴太太的目的都忘了！

这就是我们人类的一个很大的盲点，当我们对于当下没有觉察时，总是做着和自己目的相反的行为！我们很多时候为了证明自己是对的，可以连结果都不要！

在一次团队活动中，有一位朋友主动要求大家支持他。其实在活动开始前，我刚看见他的时候，就感觉到有什么情况发生在他身上。原本他是一个性格很开朗活泼的人，每次见到他的时候，都是笑眯眯的样子，很有喜感，也很爱和大家开开小玩笑逗趣。可是这次见到他的时候，明显感受到压抑和郁闷的情绪，强颜欢笑的背后带着闷闷不乐。

原来，在来参加活动之前，他和太太刚刚吵了一架。他太太我也比较熟悉，是很热情爽快的一个人，说话比较直接，不爱拐弯抹角，有什么情绪都挂在脸上。其实他们还是很爱对方的，特别是夫妻俩都参加过我们的课程学习，和以往常常争吵相较，现在更加亲密恩爱。

我问他，今天需要我支持他什么？他说，想要和太太能更加有效沟通，不要总是为些过去的事情而争吵。在和他沟通的过程中，我了解到，其实他们大多数时候争吵的原因，是因为太太爱翻旧账。这让他很苦闷，过去的都已经过去了，干嘛要老是活在过去呢？为什么不向前看，大家应该一致的目标是营造幸福快乐的家庭啊！

其实，他也很清楚，太太内心很在乎他，他就是太太情绪的按钮。他是一个爱开玩笑的人，有时候，明明一句不经意的玩笑话，却被太太当真了。本来两个人挺开心的，结果太太把他的玩笑话当真了，就被触发情绪，三言两语间，说着说着就开始翻旧账。太太一翻旧账，他就很头大，觉得太太真不可理喻，要么保持沉默避免自己情绪失控，要么就是两个人吵一架。对于太太爱翻旧账的习惯，他很头痛，这已经对他和太太的亲密关系带来破坏。当然，他也知道自己这样不对，但是也不知道问题出在哪里！

我很能理解他的苦闷，说老实话，我曾经和太太也存在相同的问题，我也曾经认为女人就是爱翻旧账，心里藏着一本账本，把过去多少年来自认为受到的委屈和不公全部记在账本上，一有机会就会拿出来控诉！每每被翻旧账的时候，我的自动化反应是要么闭嘴不理，要么也拿出自己的账本，用更加猛烈的火力压制对方。这样的戏码，想必很多人在生活中和自己的亲密关系都有过吧。当然这样做自然就会引来对方更加猛烈十倍的火力，最后的结果往往就是大吵一架！然后冷战！用冷战来惩罚对方！有的人是几天，有的人是几个月，有的人是几年，有的人甚至是一辈子！

我们在和对方建立亲密关系的时候，出发点都是因为爱，目的都是想和对方一起幸福地老去；可是在现实生活中却往往事与愿违，生生造就了不少怨侣。究其原因，是因为在亲密关系中，我们变得不再包容彼此的不足，不再欣赏彼此的优点，不再愿意为了对方去改变自己。而是自动化地认为对方应该要对自己如何，看到的往往都是对方没有表现出自己期待的样子，从而在潜意识中自动化地对对方的言语和行为下了一个自以为是的判断，就是对方不再像以前一样爱我了，到手了就对我不再珍惜了，对方变心了等诸如此类的妄念和执念。

就像我的这位朋友，明明知道太太很在意自己的一言一行，特别是期待得到自己对她的关注和认可，却很多次都是因为玩笑话被太太当真而引发争吵。我看到的是，也许在他潜意识中，他自动化地认为太太应该分得清哪些话是认真的，哪些只是玩笑话。就像他自动化地认为太太是因为在很多事情上做不了主，所以很痛苦；其实很可能是因为太太没有从他身上感受到足够的尊重。

在生活中，我们总是很自以为是地根据自己的想法来解读对方的动机、出发点和目的，而事实上我们的这种迷之自信的自以为是，恰恰是在生活中鸡同鸭讲、沟通无效的源头所在。就像翻旧账的背后，其实是期待得到爱与关注和尊重，期待得到更多的理解和在乎。而我的这位朋友当听到太太又开始翻旧账数落自己时，就会自动化地认为太太又在否定自己，不信任自己，把自己看成是不负责任的男人。当这样的想法产生，自然就会引发委屈和愤怒的情绪，接着产生言行上的对抗；或者即便保持沉默，看上去不在意，让对方接收到的却是不理不睬和不在乎，往往导致对方更大的情绪宣泄。

在亲密关系中，男人更需要的是信任认可与崇拜，女人更需要的是理解关爱和尊重。学会理解彼此的基本需求，不以自己的认知和标准判断对方，放下自以为是，愿意更多地倾听彼此真实的想法，这样，幸福和快乐就会一直和你在一起。

对当下保持觉察，从感受自己当下的体验开始，从感受和体验开始表达，而非直接去评论和判断，带着一颗好奇心，做好这几点，可以让你在生活中更多时候不再进入自动化反应，会帮助你在关系中建立和保持更多更好的连接。

练习
PRACTICE

准备好一支笔和几张 A4 白纸，给自己一个安静的时间和空间，诚实面对自己，并思考下面的问题。如果你认为有必要的话，可以在白纸上写下任何你想要记录的东西。

1. 在生活中，你看到自己有哪些自动化的反应？这些自动化的反应，也可以称之为习惯或模式。

2. 这些自动化反应，给你的生活带来了什么样的影响？

希望，还是相信？

很多时候，我们常常会听到身边的人，甚至是自己也常常会说，我希望自己可以过得很好。这句话背后潜藏的意思就是，你相信自己现在是不够好的。要知道，在这个世界上，你希望的事情未必会发生，你相信的事情一定会实现。

经常会遇到一些朋友，很想提升自己的沟通能力和演讲水平。他们往往私下会认为在公开场合去当众表达自己的想法，这是一件不可能完成的任务。很有意思的是，做训练时我经常会问，"有谁是想要提升自己的沟通能力和演讲水平的？"在场的绝大多数人都会举手表示自己想要。当我接着问，"那么，现在有谁愿意上台来分享？"这个时候却应者寥寥！

类似的场景在我们的生活中总是不断上演，人们总是做着和自己的目的相反的行为。比如在上面的案例中，这些朋友的目的明明是想要提升当众表达的能力，而当机会真的来临时，却总是望而却步，给自己找很多不去抓住机会的理由。给到自己的理由，无外乎"我还没有准备好""等再说""还没有想好"等诸如此类听上去绝对够分量合理的理由和借口。

点亮心灯

　　相信，才会看见！相信，才会创造！

怎样才算准备好了呢？是等你想清楚怎样才能完美表达自己的意思，还是等你练就一身演说的本领，抑或是枪打出头鸟先看看别人怎么讲？不但机会在等待中错过，自己想要的沟通能力和演讲水平也不会从天而降！

　　人生中真的有完美的准备和开始吗？拿创业来说吧，有哪一个做老板的是在资金、资源、产品、客户、人才这些条件完全具备的情况下，才决定去创业的吗？以我们人生中重要的婚姻大事为例，有谁是在遇到一个完美的对象、完美的时刻、完美的条件下才决定步入婚姻殿堂的吗？真正意义上的准备好，并不见得就是一定要等到天时、地利、人和万事俱备，而是你对目标是否真正下了一个无论如何都要做到的承诺！而下这个承诺的背后，是对自己的信任，是相信自己这个目标无论如何都要做到！

　　说到承诺，那么什么是承诺呢？承，承受、担当；诺，答应、许诺。承诺，就是先诺后承，一诺千金。承诺，是一种对待自己人生和目标说到做到的态度。

在生活中，对于目标，每个人都有自己不同的态度。我们常常会听到有人说"我希望可以如何如何"，谈到自己未来的人生和自己当下的目标时，他们的字典中，最多出现的就是"希望"！希望反映的其实就是一种托付心态，把目标的能否达成寄望于外部条件和环境，把自己放在被动等待的位置。我们还时常会听到有人说"我想如何如何"，往往对于自己的目标，只是停留在想法层面，很少真正为自己的目标采取切实有效的行动。很多时候，我们也会听到有人说"我试试看"，这往往是尝试玩票的心态，结果能不能做到无所谓，配套的语言往往是"重在参与，重在过程"。真正的承诺，是无论如何说到做到，我为自己的目标100%负责任！

拿我自己来说，我在2015年—2017年有两年的时间连续辟谷，每个月中有连续3天时间只是喝水和吃几颗红枣。这在别人看来简直是不可能完成的任务，刚开始辟谷时，我也很怀疑自己是否能够坚持？毕竟，以往我一过饭点就饥肠咕咕，少吃点都觉得饿，更不要说连续3天不吃其他任何食物！而事实上，每次的辟谷不但没有饥饿感，而且照常工作不受任何影响。因为我在开始的时候，就相信自己是可以做到的。

而另外一件事情恰恰相反，就是练太极拳。在2017年春节前我办了一张年卡，去了两次，春节后就再也没有去过了。什么春节放假呀，回来后要学习呀，忙课程训练呀，带团队呀，总之要不去总是可以找到很多合理化的理由。是因为后来我发现自己练拳时，我的膝盖的反应很激烈，我不相信自己是可以做到的。辟谷和练拳，不同的态度决定了不同的结果，导致我对坚持辟谷是有承诺的，而对练拳，是有时间就去，没时间就放放。

我很喜欢看中国女排的比赛，在巴西里约奥运会上，中国女排小组赛中一路跌跌撞撞，以小组第四身份出线，在淘汰赛开始时并不被人看好。然而在淘汰赛中，中国女排却奇迹般地连克之前战胜自己的强手，最终登顶奥运冠军，夺得一枚宝贵的金牌！带领中国女排创造这一奇迹的主教练，就是亿万国人热爱的老女排精神的代表人物——铁榔头郎平郎（指）导！

我看了很多关于郎导和中国女排的新闻报道，内心非常激动！实事求是地说，目前的这支中国女排，无论是和夺取五连冠的老女排相比，还是和2004年雅典奥运会夺取金牌的黄金一代相比，都谈不上是历史上最强的中国女排。即便是和本次奥运会淘汰赛的其他所有对手相比，中国女排整体实力也不是最强的。在这支女排阵容中，有很多新人都没有什么重大国际比赛经验。甚至郎导接手之初，用烫手山芋来形容当时的团队状况都毫不夸张！就是这样一个主力整容不算很齐整的团队，最终却能够绝地反击逆袭成功，和郎导世界级的教练指挥水平，女排团队的科学管理和训练方法，以及女排姑娘们所展现出来永不放弃的女排精神都密不可分。中国女排能够取得今天的成绩，在这所有的背后，我看到了相信的力量！

一方面，看到的是排管中心对于郎导的相信，相信郎导就是那个能够带领中国女排走出困境的最佳人选，给予郎导充分的授权和信任。郎导之所以敢于临危受命，除了内心对于祖国排球事业的一份热爱和贡献，同样她也相信排管中心能兑现承诺，她可以完全按照自己的理念组建"郎之队"。正是这样的相互信任，为中国女排奠定了坚实的发展基础。

另一方面，看到的是队员们对于郎导的充分信任。关于女排的报道中，有一句话我印象很深刻，就是"郎平带给女排姑娘们，那一张张不受欺负的脸"。只要你有实力，你就会有公平的上场机会。正是这样公开透明的竞争机制，让女排团队可以做到心无旁骛，专注于在训练和比赛中展现最好的自己。这样的团队氛围让整个团队内部充满凝聚力，团队精神面貌激情高昂。

大家都津津乐道于郎导的现场指挥能力和每一次临战用人的神来之笔，而这一切的背后，是郎导对于队员们的相信，用人不疑，疑人不用。正是因为她的信任，我们才能看到朱婷的完美表现，看到惠若琪的一球定江山，看到张常宁、杨方旭和刘晓彤诸多小将的惊艳表现！

在我看来，最大的相信，是郎导对于自己所热爱和从事的排球事业的相信！正是因为这样近乎精神信仰般的相信，才能成为她32年来可以完完全全把自己贡献给排球事业的永动力！正是因为这份相信，郎导才创造出一个又一个的奇迹！

体育赛场上，一个运动员或一支团队的成功，除了运动员本身的能力以外，一个好的教练的作用同样至关重要。我们人生赛场上，有一位自己的人生教练，或是学习自我教练的能力，同样可以支持你在自己人生赛场上更加高效和有效地拿到你要的结果。相信，才会看见！相信，才会创造！相信的力量，同样也可以支持你创造出属于自己的奇迹！我们常说，态度决定一切！其实是你相信了，就会在态度上是有承诺的！对于你的目标，要让结果发生，你是希望，还是相信？人生，光有希望还远远不够，你相信什么，就会为自己创造什么！

人生，因相信而创造！

练习
PRACTICE

准备好一支笔和几张 A4白纸，给自己一个安静的时间和空间，诚实面对自己，并思考下面的问题。如果你认为有必要的话，可以在白纸上写下任何你想要记录的东西。

1. 在你的生命中，你有哪些目标是渴望去实现的？请把它们记录下来。

2. 这些目标，在你的心中已经存在多久了？几个月，还是几年呢？诚实面对自己的内心，请在每个你渴望实现的目标后面标注出第一次出现的时间。

3. 你对自己有什么发现？你看到自己和这些目标的关系是怎样的？

难与不可能

有一次和几个朋友一起吃饭聊天，聊到辟谷这件事。饭桌上一帮朋友都很惊讶，连续3天不吃饭不饿，怎么可能？俗话说，人是铁饭是钢，一顿不吃饿得慌！更不要说3天了！

而事实上，我从2015年7月开始，连续辟谷2年，在这段时间，我只有其中两个月是由于讲课或学习时间冲突的原因，每个月只有一天时间辟谷；另外的时间中，除了喝水，当然还会做辟谷操，每顿只吃3颗红枣。在辟谷的这3天中，的确不但没有饥饿感，而且每天照常工作不受影响。

自然地，我们由辟谷又聊到其他事情。有一个朋友问我，说他自己以往常常很有兴趣地去做一件事情，当然他有兴趣去做的事情基本都是有一定难度和挑战的。但是往往做着做着到了一定的时间点，没有达成自己预期的结果，就会觉得很难，往往就不再坚持而选择放弃。

其实，这是一个很正常的现象，相信大多数人都会有过相同或类似的经验。我们往往在开始做一件事情的时候，是充满热情的，对自己也是满满的自信。可是当碰到的困难和挑战越来越多的时候，就会慢慢地对自己越来越怀疑，信心

 点亮心灯

就如果你在做一件事情的时候，你潜意识当中的想法是不可能做到，自然你的态度上就会有消极怀疑，行为上就会有拖延或抗拒，结果自然做不到，这太正常不过了。

就会不断下降，觉得完成这件事情真的很难，然后慢慢就放弃了。

是的，的确很难，不过不是不可能！以往很多时候，我们会放弃的一个很关键原因，其实是在潜意识中没有区分好难和不可能，潜意识和自己的对话中把难等同于不可能了，认为太难了，不可能做到。

就拿辟谷这件事情来说，很多朋友看到我比以前瘦了，知道我一直在坚持辟谷后，大多数人都会邀请我介绍他参与辟谷。每个月我要开始辟谷时，都会通知他们，不过大多数原本说要和我一起辟谷的人都会因为各种原因放鸽子。很多人是想到要在接下来3天不吃，觉得太难了，自己做不到，都还没有开始就放弃了。当然，也有些朋友一直坚持下来的，而且都有不错的效果。

如果你在做一件事情的时候，你潜意识当中的想法是不可能做到，自然你的态度上就会有消极怀疑，行为上就会有拖延或抗拒，结果自然做不到，这太正常不过了。而因为结果没做到，又反过来给自己找到了做不到的证据，

更加验证了自己的想法是正确的。下次碰到类似的情况，自然而然第一反应就是不可能，碰到困难和挑战的第一反应就会去逃避和拖延。这就是我们人生当中的自动化反应。

当你能够有意识地区分开很难和不可能，其实不是同一回事，那么在生活中无疑你会愿意更多地面对困难和挑战。你要做的其实很简单，当你听到每次跟自己说很难的时候，记得转换下半句，从不可能变成有可能。"很难，不过还是有可能性的！"当你这样转换自己的想法时，即便面对同一件事情，你也会看到自己的态度会变得坚定和果敢，行为上会更加积极主动尝试不同的方法，自然就会有更大的机率去得到自己预期的结果。久而久之，你就会建立一个正向的习惯，勇于去面对困难和挑战。

的确，很难，但是不等于不可能！很难，不过还是有可能！你会看到，生活中充满了可能性！难与不可能，其实背后体现的是习惯与极限的关系。

前不久，我在重庆刚结束一场3天的体验式学习训练。在最后一天下午的总结中，有一位同学站起来分享在一个刚刚结束的练习中他自己的体验变化。

在这个练习刚开始的阶段，他还是很兴奋地积极参与的，也创造了成果，但并没有达成预设目标。在向目标前进的过程中，慢慢地他面对的挫折越来越多，心情开始变化，越来越烦躁焦虑。当教练来支持他的时候，原本教练是可以利用来支持自己达成目标的资源，但是在那个当下他开始抗拒教练。他认为自己已经达到极限了，没有办法再继续下去了。不过，他后来及时调整了自己的心态，最终达成了预设的目标。

其实我们在临近极限和要打破自己固有的习惯时，都会产生焦虑感；区分清楚当下焦虑产生的原因，到底是因为已经达到极限，还是因为要突破自己固有的模式和习惯，离不开对自己当下心智模式的觉察。

针对他的分享，我支持他去思考，所谓他认为已经达到了自己的极限，这只是一个信念，而非事实。极限，意指所能承受的最大限度，达到最大限度的意思，是指超越这个限度是不可能的。如果真如他所以为的，那么在这个练习中他是不可能达成自己之前预设的目标的。而事实上，他最终达成了自己预设的目标。所以，最终达成练习目标是事实，认为自己已经到达极限是一个信念，而非事实。

我们的行为表现，以及人生中取得的成果，是被自己的心智模式（信念—态度—行为—结果—体验）所影响的。当产生"我已经到达极限了"的信念时，自然对练习的态度会开始变得被动、抵触，甚至是抗拒。行为上就会体现出来拖延、应付和逃避。当行为与目标不一致时，结果自然不会变得更好。面对不如自己预期的结果，体验上自然就会变得烦躁、焦虑和难受。如果不在信念上做出调整，在拖延、应付、逃避的位置上停留得越久，内在负向的体验就会不断累积，让自己感受到越来越痛苦，恨不得立刻从练习中逃离。

转折点的出现，是他觉察到，这反映出来的不正是自己以往在工作中的习惯模式吗？这个练习就像是一面镜子，当他愿意把焦点看回自己时，清晰地看到了自己的盲点。当他开始转换信念，从"我已经到达极限了"，转换成"我要利用这个练习来突破自己的固有模式"时，态度立刻转化到积极主动面对，并不断地坚持行动，直至最终顺利达成预设目标。

在我看来，与其说是他认为已经到达了自己的极限，不如说是在那个当下他认为接下来的发生不符合他的标准，不符合他的情理，打破了他的习惯。在那个当下，当他面对的挫折越来越多，心情开始烦躁和焦虑时，自然会渴望让自己的体验趋向舒适和轻松，想要进入自己的舒适圈和安全区。因此，自然在那个当下不愿意面对教练的支持，认为教练在这种状况下还要挑战他继续行动不符合情理，甚至是没有人情味。

有标准并没有问题，我们看待事物都会有自己的标准，标准来源于经验，标准的背后是自己固有的习惯，它会给我们带来舒适和安全感。潜意识中把标准视为极限是有好处的，最大的好处就是可以待在自己的安全区和舒适地带，不用去冒险作出新的尝试和行动。但是同样也会有代价，代价就是当面对的事物不符合自己的标准时，就会选择让自己待在舒适地带和安全区，这样就不再会有新的学习和成长。区分清楚极限和标准，就能不断扩大自己的安全区和舒适圈，在生活中不断地完成自我超越，持续行动去创造更加卓越的成果。

准备好一支笔和几张 A4白纸，给自己一个安静的时间和空间，诚实面对自己，并思考下面的问题。如果你认为有必要的话，可以在白纸上写下任何你想要记录的东西。

1. 列举一下，在你的生活中有哪些事情或目标是你一直很想去做，但是由于你潜意识中认为不太可能实现，所以导致你一直没有去做的？——列举，并在纸上记录下来。

2. 在每件你列举的事情或目标后面，标注你认为不可能的原因。哪些原因是信念？哪些原因是事实呢？

3. 你有什么发现？

情感与信任

在最近的一次课程训练中，有位朋友分享她的案例，她是一家知名化妆品集团公司的销售高管，自己带领着几十人的销售团队。几年前，一个她多年的闺蜜自己开始创业，成立了一家培训公司，并且找到她希望能够得到她的支持，帮她的销售团队做些培训。她分享说，基于自己对闺蜜的了解，觉得她的培训不适合自己的团队，就拒绝了她的请求。后来，她和闺蜜的关系就不好了，她说现在自己很想和闺蜜修复关系。

相信在你的生活中一定也不乏这一类的案例吧，两个人原本是很好的朋友，大家做着不同的行业，很少有业务上的牵连。一旦其中一个人有一天做的行业和你做的行业会有关联，你也许就会很担心有一天朋友找到你，要你照顾一下他的业务。碰到这样的情境，往往你会觉得左右为难，不答应吧，情面上过不去；答应吧，又担心同事老板会有意见。慢慢地，朋友觉得你太不爽气，不够意思，不讲情义，于是两人渐行渐远。即便开始业务合作，但常常会因为合作达不到预期转而产生不好的局面，更有甚者，导致两人关系受损或破裂。

　　我们常常说，熟人之间难做生意，所以往往会下意识地避免和熟人之间的生意往来。其实，熟人间难做生意，这样的说法背后有好几层意思，这句话是没有说完整的。首先，隐藏的第一层意思是熟人间不好意思提要求。这样的情况会发生，是因为我们往往会认为大家都这么熟的朋友了，提要求会让对方下不了台而伤面子，也会显得自己好像不信任对方。这其实只是一个想法，而非事实，它混淆了情感和信任。情感指的是两个人之间的关系远近好坏亲疏，关系好自然会和对方多亲近密切。而信任，其实和情感不是一回事情，如果不能区分清楚情感和信任，在生活中往往要付出很大的代价。

　　信任，其实是一种选择，一种基于能力的选择。这种能力，对外多半和对方完成结果的能力有关，对内则和自己承担结果的能力有关。举例来讲，如果你选择和对方一起合作，如果你的出发点只是基于双方的感情关系做出选择，而不是看对方是否有能力在这个合作中发挥出你要的作用和价值，那么等待你的往往是合作失败，及因合作失败而导致的双方情感关系受损或破裂。这是因为，当你认为提要求就会影响和破坏彼此间的关系，那么你在双方的合作中就不会对对方提要求，而彼此间在合作中一旦没有了要求，把结果的发生完全建立在双方都自觉自律的基础上，这多半是一种幻觉，你要的结果往往不会发生，大多数时候最终你得到的是你最不想看到的结果。

　　而如果你能在双方合作之初就搞清楚情感和信任的区分，就会清楚合作的目的是为双方都创造更大的价值，彼此提要求和情感上的亲疏好坏无关，反而是对结果的负责任。当你基于对方的完成结果的能力做出合作的选择后，出于对结果的负责任，就会愿意大家都有言在先，事先定好游戏规则了。结果好了，大家合作开心，彼此关系反而更加长久。

　　熟人之间难做生意，这句话的第二层意思是熟人间做生意，你担心别人，特别是自己的同事和老板会怎么看你！之所以会有这样的顾虑，很大程度上是因为的确在一些熟人生意中存在猫腻，因此你就会很自然地担心，别人会不会也认为我和熟人的合作间存在猫腻？就像我这位分享案例的朋友，她的潜意识中就有这样的想法，由于她已经对朋友的培训能力存在一个预设，觉得找闺蜜做培训就是给朋友开后门，会影响到同事和老板对自己的看法；不找闺蜜做，反而别人看到的是自己大公无私的形象。在拒绝闺蜜的时候，焦点放在维护自己在别人心目中的形象上，自然就很难中立评估闺蜜公司的培训能力，当然更加谈不上对闺蜜提出自己团队的培训目标和要求，为自己的团队量身订做设计培训内容了。她这样的出发点，对方自然会觉得她只为自己的利益考虑，从而就影响到了双方的关系。

不能很好区分情感和信任，往往面对对方一句"难道你不信任我吗"，便立刻举手缴械，完全不看对方是否有能力为结果负责任，进而全然托付或放手到放任，常常会让我们在生活中付出很多代价，这一点我自己也曾经深有体会。区分清楚情感的基础是关系，信任的基础是能力，你的生活无疑会有效得多。

前不久的训练中，有位学员站起来分享他的故事。2009年下半年他进入大学学习，在学校里认识了一个朋友，大学同窗3年，彼此成为很好的兄弟。他对对方很信任，而且在大学里也给过对方很多帮助。2013年开始，两个人一起创业，而且对方把他后来成为老婆的女朋友也喊进来一起创业。

他们从事的是人力资源外包服务，他负责对接市场推广和具体业务，他的朋友负责对接外部资源，他朋友的女朋友负责公司的财务管理。一起创业打拼3年，到2016年的时候，他的好朋友和老婆一起离开。不但如此，而且卷走了200万元左右的公司营收，当然两个人之间的关系也完全破裂。这件事当时给他带来了很大的打击，同时也给他今后的事业带来了很深远的影响。这件事情让他相信，合作只能共苦却不能同甘，以致他再也不相信和别人合作

 点亮心灯

这并不是真正的信任，而是放任！

可以成功，相信还是自己单干比较保险。

我很好奇，问他为什么会发生这样的结果？原来在合作之初，他们公司就没有清晰完善的规章制度，股东之间也缺乏明确的合作约定，更要命的是所有的公司对外营收全部进他朋友老婆的私人银行账户。我问他，在合作的三年期间，有没有什么蛛丝马迹让他觉得这样的做法不妥当？他说一直都有，就是拉不下面子和对方谈清楚。每个月公司对账，也是对方说是多少就多少，心存疑问也总是开不了口。

他认为自己的信任没有得到对方的回报，自己是那么信任他们两夫妻，最后却落得这样的结果！在我看来，这并不是真正的信任，而是放任！不单是放任，而且这样的做法简直就是在鼓励别人监守自盗！这又是一个典型的没有区分清楚情感和信任的案例，两个人因为彼此感情好决定一起合作创业，本身没有问题。关键是在一起合作后，依然把焦点放在维护关系上就会有问题。

前面说过，情感的基础是关系，这是属于两个人的友谊范畴，目的是要维护好关系；信任的基础是能力，在公司经营的范畴，目的是要确保公司发展且不断有盈利。在公司经营范畴，却把焦点放在维护好关系，信念中又认为自己如果认真查账就是不信任对方，会导致朋友间的关系受损或是破裂。却忘记了，自己作为企业的股东，首先要对自己的投资负责任；作为企业的管理层，要对公司的经营发展和盈利负责任。焦点放错了，自然不好意思行使自己的相应权利和职责，尽管心里有疙瘩，也闭一只眼睁一只眼，用一个大家关系这么好应该不会有问题的幻觉安慰自己，放任对方为所欲为，最终这样的结果在我看来一点也不意外。

在我们身边常常会有这样的事情发生，包括曾经在我自己身上也发生过，那就是我们很多人都有过借钱给朋友的经历，而且往往会导致一个结果发生，就是借出去的钱不但收不回来了，而且彼此间朋友最后也没得做了。这同样也是没有区分清楚情感和信任带来的结果。

"感情好，就必须借钱""如果不借钱的话，就算不上是好朋友了""感情好，我就要信任对方；信任对方，就应该借钱给对方"。正是在这样一些信念的影响下，钱就这么轻易地从你的口袋到了别人的口袋。即便有的时候你心里有些犹豫不决，有些担心对方的还款能力，可是一旦对方把情感和信任混在一起，问你是不是不信任他/她，你还好意思不借钱给人家吗？尽管在那个当下，也许你会有一丝被对方用情感绑架了的想法，心里多少有些不舒服。不过，钱出去了，就不再是你的了。

而事实上，信任的基础是能力，是承担结果的能力。今天你向银行申请购房按揭贷款，银行绝对不会看你和它的关系怎么样，你们之间是否有私人感情，它借款给你的唯一条件，就是看你的征信报告是否符合要求，还有你是否具备足够的还款能力。即便你将来断供，它也丝毫不担心，因为你已经把不动产权抵押给它了，超过还款期限不还款它就可以向法院起诉，将你的不动产拍卖变现冲抵债务。

有时候，朋友找你借款人民币一万元，你借个三四千给对方，其实往往也是基于你自己的承担结果的能力。这个能力就是，万一这笔钱对方不还了，也不会影响到你的生活。说到底，其实是你在评估过自己承担坏账的能力后，做出的选择。因为在借出这笔钱的时候，你根本没有评估对方能否还款的能力。而且碍于面子，不但很多时候没有让对方写借据，为了以示大度，以及显得自己非常在意和对方的关系，还要加上一句"你先用，有钱再慢慢还我"。你说，这样的做法，对方不还你钱，你是不是自找的活该呀！

准备好一支笔和几张 A4 白纸，给自己一个安静的时间和空间，诚实面对自己，并思考下面的问题。如果你认为有必要的话，可以在白纸上写下任何你想要记录的东西。

1. 列举下来，在生活中你常常在哪些事情上混淆了情感与信任？

2. 给你带来了什么样的影响？

需求与评论

在一次活动中，有一位女性朋友分享了她的烦恼，她觉得老公不爱她，不懂她的心思，不知道她要什么！她举了个例子，情人节那天，她很想要收到老公送的鲜花，于是她告诉老公今天是情人节。没想到老公回她一句，亲爱的，对于咱们来说，天天都是情人节。她原本很期待的心情，一下子跌倒谷底，很郁闷，整个人就一天都不好了。她老公也觉得莫名其妙，怎么变脸比变天还快！接下来好几天，往往很容易就因为其他一些鸡毛蒜皮的小事，引发两个人之间的口角。

这让我想起过去很长一段时间中，我和太太也常常会有类似的场景。我相信，在你的生活中，类似的情景剧也会时常发生吧。我甚至在过去很长一段时间都认为，女人太麻烦，心情阴晴不定，一分钟前还阳光灿烂，一分钟后就乌云满天！我相信，在女人眼里，对于男人又会是另外的观点。很多时候，在两个人相处的过程中，无论是亲密关系，还是朋友之间，亦或是团队伙伴之间，之所以会有冲突，其实往往是没有了解到对方的需求。

就像这位女性朋友，她的需求其实是得到老公的关爱，

点亮心灯

> 很多时候，我们往往是让对方来猜我要什么，而不是直接
> 告诉对方我的需要是什么。

所以她希望能够在情人节这天收到一束鲜花。我问她，后来有没有告诉老公自己的需求，她说直接叫老公走开了。在她的信念中，你不理解我就是不爱我，爱我就一定会懂我。因此当她发现自己的需求没有被对方觉察，就会有一个想法："这个男人不再像以前那样爱我了！"我想说，做老公真不容易，还要有一项本领，就是要学会做老婆肚子里的蛔虫！或者练就读心术，一眼就读出对方现在需要什么。如果是这样的话，估计男人还要进化一万年，也未必能做得到。

很多时候，我们往往是让对方来猜我要什么，而不是直接告诉对方我的需要是什么。这是什么原因呢？有可能是你认为告诉对方自己的需要才能被满足的话，代表我在乞求对方，低人一等；又或者是你认为，向对方提需要，可能会被认为是自私或索取。而这只是你的想法，未必是事实。当你有这样的想法，且把这个想法等同于事实时，自然就会很抗拒向对方提出自己的需要；对方不知道你要的是什么，自然也很难猜对，不能给到你真正要的东西；你的真实需要未被满足，自然就会产生情绪；情绪来了，自然就不会好好说话；对方听到的往往就会解读为阴阳怪气，自觉气闷，情绪也就来了；最后往往就是火星撞地球，要不吵一架，要不谁也不理谁。

人际关系的冲突，其实不是我们要的结果。我们当然是要和谐友爱的关系，无论是哪一种人际关系。要在生活中为自己创造和谐友爱的人际关系，有两点要学习。

首先，要学会区分此刻你的感受和想法。以文中这位朋友为例，需要没有被满足，心情自然郁闷。郁闷的原因，不是老公的错；郁闷是因为她的需要未被满足，是因为她接下来产生的想法，就是她把没有收到鲜花等同于老公不爱她。"收到鲜花，代表老公就是爱她的，没收到鲜花，代表老公就不爱她"，这是一个想法，而非事实。

其次，要学会直接表达需求，而非情绪。我们在需求未被满足时自动化地会产生很多情绪，比如生气、难过、郁闷、伤心、失望、愤怒等，往往我们让对方收到的就是我们的情绪，我们试图通过情绪的宣泄让对方知道自己错了。这样做往往适得其反，因为当你用情绪表达时，对方收到的会是指责和操控，必然激起对方内心的反抗。即便有时候对方没有在情绪上表现出来，也往往会通过冷漠、沉默，甚至是离开，来表达他们内在的抗拒。

设想一下，如果你告诉对方："亲爱的，听到你这样说，我有些难过，这样我会认为自己不再被重视和关心。其实我需要的是你在今天表达对我的爱，你可以送一束鲜花给我吗？"我相信，你收到的一定不只是一束鲜花，还会有满满的爱！

幸福其实很简单，让对方知道你需要的是什么就可以了。很多时候，我们以为自己在表达的是需求，其实往往在表达的是情绪，或是情绪背后的评论与判断。在生活中，需要学习如何正确表达自己的需求，而非表达自己的评论和判断。

有一次在课程中，我带领团队探讨：我们的心智模式是如何运作的？在前一个晚上，有些同学违反了课程规则中的某一条规定，而这些规定原本大家都是达成共识要去遵守的，是每个人在课程期间对自己的承诺。

我们就以此为案例一起讨论，是什么样的信念导致违反规定的结果发生。我邀请每位违反规定的同学站起来，然后分享他们在决定打破自己的承诺的那一刻，都对自己说了些什么？

当我做好这个话题的小结，准备进入下一个环节时，有一位同学气呼呼地站了起来，问我为什么不问他。事实上，他并没有打破承诺违反规定，而我们刚才的环节是邀请大家分享，看到自己打破承诺违反规定背后的原因是什么。

我的第一反应是，他还没搞清楚状况。我不想在这个话题上再花时间，于是我直接告诉他，他并没有违反规定，我们刚才讨论的话题范畴与他无关。他还是很坚持地告诉我，他和其他人不一样，我为什么没有问他？我脱口而出，除了你以外，还有很多同学都没有违反规定，你并不是唯一没有违反规定的那一个！我甚至邀请那些没有违反规定的同学举手，以便让他知道这一点。

在那个当下，我觉察到自己进入了一个自动化的反应，我在证明自己是对的，而并没有真的关心他的内在发生了什么！我立即对自己喊了停，先深呼吸，然后问他当下有什么体验？他很坦诚地告诉我，他有些愤怒。我问他，愤怒的原因是什么？"我和他们不一样，你却没有注意我。"他告诉我，他觉得我不关注他，而这正是那个引发他的愤怒情绪的信念。

多么真实的发生！无论是他，还是我，在当下都进入了各自的自动化反应中。我的自动化在于，当我面对对方不同的声音时，习惯地要去证明自己是对的，我很抗拒对方说我是错的。

而他呢，内心很渴望得到别人的关注，一旦他认为对方不关注自己时，就会进入生闷气的自动化反应，待在愤怒的情绪中。我不关注他，是他在那个当下对我的评论，或者说是他在那个当下对我的判断。当他有了这个信念之后，自然就觉得和我有距离，开始对我生气和指责。这个场景，在他的生活中很熟悉。他的这个模式和习惯，给他的人际关系带来很多困扰。

"你不关注我"，这句话表达的是评论和判断；这句话的背后是指责，指责带来的是关系中的关闭。"我想要你关注我，看到我"，这句话表达的是内在的真实需求，会带来关系中的敞开。不同的表达重点，会带来不一样的沟通效果。在生活中，很多时候沟通无效，恰恰是由于我们没有去和对方沟通自己的内在需求，而是在表达需求未被满足时对于对方的评论或判断。

评论和判断，往往包含很多的个人化和演绎；表达需求，至少可以让对方很清晰地知道你要什么，彼此的沟通中既少了很多模糊地带，同时也是一种对结果负责的态度。不过，向对方表达需求，不代表对方必须要满足你的需求；对方也有向你表达需求的自由，同样也不代表你必须要满足对方的需求。有了这份允许的智慧，生活中无疑会少很多烦恼。

练习
PRACTICE

准备好一支笔和几张 A4白纸，给自己一个安静的时间和空间，诚实面对自己，并思考下面的问题。如果你认为有必要的话，可以在白纸上写下任何你想要记录的东西。

1. 你看到自己在哪些关系中，常常用情绪来表达自己？这样做给你和对方的关系带来了什么样的影响？

2. 在哪些事情上，你常常是在表达你的评论？请列举出这些评论。

3. 请在每一条评论的背后，写出其实你在这件事情上的潜在需求是什么？接下来你会怎么做？

关于出发点

在课室时常会听到学员说，"理想和现实有落差！"类似的话，在我们身边其实都或多或少听到过，有时也许会从我们自己嘴里面冒出来。比如说"理想是理想，现实是现实"，又或者说"理想是丰满的，现实是骨感的"。

很多时候，同样或是类似的话，听多了，说多了，貌似就变成了事实和真理，会拿来作为一个人生的指南指导自己的人生。如果在自己人生的旅途中，带着这样一个指南针旅行，可能会存在很大的问题。

理想和现实有落差，这句话本身并没有错。理想和现实的落差，很多时候恰恰是我们前进和拼搏的动力与源头。如果在人生中你的理想和现实没有差距，那么我要恭喜你，因为你就是那个众人传说中的人生大赢家了！但是另外一个更大的可能性，也许你就是那条星爷嘴巴里提到的"大咸鱼"！

在我看来，理想和现实存在差距，是我们在人生中常常要去面对的一个事实。重点是，当你认为"理想和现实有落差"时，看清楚在这个观点背后，你隐藏着的出发点是什么！这个出发点包括你的真实意图以及态度才是关键所在。

不如问问你自己，当你对自己说"理想和现实是有差异的"这句话的时候，通常是在怎样的状态或是背景下？很多时候，当一件事情的结果不如自己预期时，我们常常会说这句话或是类似的话。好了，那么接下来继续问问你自己，当我说完这句话之后，此刻有怎样的体验或心情？对于这个落差，也就是我的目标（预期要实现的结果）和当下实际成果的差异，我的态度是什么呢？还有，在这句话背后我隐藏的真实看法又是什么呢？

如果说当你说完这句话，你真实地体验到的是难受，甚至有自责、羞愧和对自己的愤怒，那么在这句话的背后，**其实是你对于这个落差的不接纳，其实是你对于自己当下成果的不认可和不接纳，这源自你把是否在当下达成目标与自己的能力和存在的价值挂钩。**

如果在当下，你达成了目标，那么你就认为自己是足够好的，是有价值的；没有达成目标，你就开始怀疑自己的能力。对于自我能力的质疑，在你的潜意识中带来了类似"我不行"或是"我不够好"的看法。看法决定了态度，态度会影响行为，行为就决定结果和体验。而对于负向体验的逃避或是抗拒，又决定了你接下来的选择，当然就会影响到自己接下来的行为展现和最终的结果。

大多数时候，人总是会想要让自己心情更轻松舒适一些，所以到最后，你往往就会把"理想和现实是有差距的"这个看法，当成自己可以做不到，或是不用再去为结果而坚持行动的合理化理由或是借口。当然，这样的话，你的现实和理想会合的时间势必遥遥无期。

而如果你愿意相信，理想是可以实现的。那么，看到理想和现实的差距，也许就是一个好的开始。当你诚实面对，看清楚自己的理想和现实的差距之后，也许心情就不会那么糟糕，你也许会体验到平和，甚至会体验到一种类似于发现新的机会和可能性所带来的喜悦。接下来，你要去学习区分的是，

 点亮心灯

> 人的盲点在于，总是认为，我只要做了，就一定要拿到结果，
> 而且最好是在当下立刻就要有理想的回报。

当下成果没有达到自己的预期，与什么有关？也许并非能力上的问题，而是在你最初的看法和态度上就存在问题。你要学会区分的是，这是一个调适性的问题，还是技术性问题。

人的盲点在于，总是认为，我只要做了，就一定要拿到结果，而且最好是在当下立刻就要有理想的回报。同样，这不是错的。只是这样的看法它往往忽略了一个事实，那就是从出发点到目的地，原本就是需要过程的。这个实现的过程，往往取决于你所在做的这件事情给你带来的实际价值。实际价值越大，通常就会越是有挑战，就越不容易达成。而这个时候，你是否在整个过程中，能一如既往地坚信自己的理想是可以实现，是否真的对自己的愿景和目标有承诺，就会变得至关重要了。

保持觉察，诚实面对体验，接纳当下的成果，区分清楚能力和态度，才能做出有效的调整。也包括你在信念和态度以及行为上的选择，然后基于你

自己的目标和承诺做出利于结果发生的改变。我很认同星爷说的，"没有理想，人活得和咸鱼有什么差别呢？"对于自己的理想，你有承诺吗？当你的出发点不是对理想、对人生愿景和目标的承诺时，问问你自己，你的出发点是什么？这会是你真正要的吗？

很多时候，对于出发点的不觉察，会在关系中也造成不好的结果。出发点，通常和为什么有关。出发点很关键，很多时候在关系中真正影响到结果的，未必和你说什么做什么有关，而是和你在当下的出发点有关，出发点的不同会决定关系中结果的不同。例如，我的一位学员分享了自己的困惑，沟通的时候到底应不应该诚实？他认为自己说话太直接，会容易伤到人，影响到自己的人际关系。

我认为他在人际关系中的困惑，可能和他说话是否直接无关，这也许和他在关系中与人沟通时的出发点有关。其实生活中不乏这样的案例，有的人说话也很直接，可是朋友们就是喜欢和他们相处，很愿意听到他们直接的表达。当然也有很多人因为说话很直接，无形中影响到了自己的人际关系，带来的结果不是他们所想要的，这是因为他们之间的出发点是不同的。

说话直接，是一个人的特质，或者说是一个人的个性。**特质或个性，本来就是中立的，没有好坏对错之分；而且一个人的个性或特质是很难改变的。**所以，在我看来，在沟通中给关系带来影响的，并非说话直接这个特质本身存在问题。个性和特质无法改变，不过可以改变的是自己的出发点，不同的出发点，决定了态度的不同，态度的不同会影响到结果的不同。

举例来说，一个人在关系中说话直接，如果他的出发点要证明自己是对的，这个出发点往往是潜意识中的，甚至可能他自己都没有觉察到。所以尽管他表达的也许是事实，态度上却难免会有些居高临下的味道，对方接收到的往往就会是批评和指责，这样自然会影响到双方的关系，对方可能就会不愿意在关系中靠近。

如果一个人在关系中说话直接的出发点并非要证明自己是对的，而是如实反馈让对方看到他自己的盲点，是要支持对方的成长。在态度上自然就会是诚实、客观、中立，对方接收到的会是一种支持和帮助，自然就会愿意在关系中靠近。

在关系中，有时候对方收到你当下的出发点是什么，往往比你自己以为的出发点更关键。在我的一次训练课程中，有一位学员站起来分享自己的人生经历。因为职业的原因，他分享的时候很有激情，辞藻华丽，演讲的腔调总让人感觉会和他有些距离。他的分享中有一段话，大意说的是现在还是很怀念自己的父亲，虽然父亲离开他们已经有一段时间了，自己现在住的是千万别墅庄园，开的是百万豪车，虽然生活越来越好，可是想到父亲还是很难过。

我觉察到他的这段话给整个教室的人带来了一些影响，事实上我对他的这段话也产生了一些自己的评判。果不其然，在下午接下来的环节中，有其他同学在分享的时候就揶揄他，说他在炫富。起初他还能保持涵养，面带微笑。后来在晚上有其他同学又提到这个梗，他有点急了，脸红脖子粗地抢身而起，说他们误解自己了，自己不是在"炫富"，自己是在"励志"。

后来在第二天的一个环节中，他再次分享，提到自己初中毕业后就因为家庭经济原因辍学，整个暑期和父亲在建筑工地做小工，后来又在自己想要就学的艺术学校门口摆小摊卖油炸食品。他提到自己的儿时梦想，谈到自己的奋斗经历。我没有打断他，同学们也很认真地聆听，他分享的时候也没有之前的繁言缛文，态度很真诚，平铺直叙娓娓道来。他这次的分享感染到了我们，的确，他的奋斗经历是一个很励志的故事。从一个初中毕业后辍学的农村少年，到现在行业内的领军人物，自己创办的企业在行业内也很有影响力，无论是在名望上还是物质上都获得了很大的成就。

同样一个人，什么原因给大家带来的体验会有如此巨大的反差呢？前一次的分享，让有些同学听上去认为他在炫富，带来的体验是不舒服的；后一次的分享，大家都认为很励志，被他感染，这和出发点有关。

当然，这两次分享真正的出发点是什么，只有他自己最清楚。在前一次的分享中，很多人收到的出发点是他在证明自己很厉害，在炫耀自己的成功，而不是他自己以为的"励志"。而后一次的分享，大家收到的出发点是关于他的诚实开放，愿意支持他人成长。

很多时候，关系中的负面影响和裂痕，来源于自己对当下言行出发点的了无觉知。在生活中的每个当下，觉知你自己言行的出发点，可以更有效地帮助你在关系中创造出更好的结果。

对于自己出发点的觉察与觉知，对于一位企业管理者也同样尤为重要。有一次团队活动中，正好是做现场案例教练环节，有一位学员站起来分享她的案例，希望能够得到大家的支持。原来，前不久在他们单位内部一年一次的中层部门主管 PK 活动中，一个部门的主管被其部门内更优秀的员工从主管的位置上 PK 下来，她说自己现在很纠结。

的确，从她分享的过程中能够感受到她的纠结。这位被 PK 下岗位的主管，为企业服务有好几年了，而且和她的私交也还不错。PK 结果出来后，她找这位主管也谈过好几次，分析和总结 PK 失败的原因，安抚对方的情绪。在工作交接的这一个月时间里面，为照顾到对方的面子，说原任主管是新任主管的师父，带新任主管一段时间，熟悉工作岗位。她也和对方沟通过调换岗位到其他部门的可能性，对方也明白，要留在公司的话，就要面对大幅降薪的事实。对方希望能在职称上有所保留，或是和原有职位差不多的称谓。

她内心深处也明白，这次中层主管 PK 活动的出发点，就是要在团队内部提倡公平竞争能者上的理念，激活团队的创新力和竞争力，打造有凝聚力和战斗力的团队。如果开了这个先例，这个活动就失去了意义；如果没谈好，对方可能就会离职。她内心希望能把对方留下来作为储备人才，而她分享这个案例的这一天，是最后决定这位主管去留问题的最后一天。因为这件事情，这些天她内心一直都很纠结。

在团队和她沟通的过程中，大家陆续接收到更多的信息：这个中层主管PK的活动在他们企业内部做过好几次了，以往每次都是原任主管胜出。这次PK，她也想到过万一有主管被PK下来要怎么办，不过这个念头一闪而过，她也就没往下细想。另外，其实她很清楚，这位PK胜出的新任主管，能力上是要强过原任主管的；新任主管也是在管理层的推动下PK上位的。而且，事实上原任主管如果要留下来，势必要降薪降职，如果对方不能接受肯定就会离职。团队成员站在各自的角度给了她很多反馈意见，不过看得出来，没能帮她打开心结。

其实，作为企业的高层管理人员，她纠结的并不是在对方的去留问题上，她不知道接下来要怎么做，而是接下来她要怎么做才能达成她自己内心想要的结果。她要的结果，其实就是对方最好愿意接受降薪降职留下来；如果不能留下来，离职的时候依然能对她这位上司兼朋友保留一贯的好印象。这并非是凭空的猜测，而是和她核对后的结果。所以，她最初提供这个案例的出发点，其实需要的不是被教练，而是希望大家能够给她些可以两全其美的建议和方法去达成自己的目的。

她的盲点就在于，没有看到自己在处理这件事情上，对原任主管的讨好和虚伪。所以，当她听到关于自己"讨好"和"虚伪"的反馈时，当下的反应是抗拒的。而她忽视的是，今天这样一个让她纠结的现状，恰恰就是她自己所造成的。PK结果出来后，她对原任主管做的一系列动作，大家都听到了

 **点亮心灯**

　　"好人需求"，通常会很在意身边的人对自己的看法，常常
不自觉地会去讨好身边的人，往往在面对问题需要自己有原则和
立场时做出拖延的行为，反而让别人收到的是自己的虚伪。

明显的讨好；她的讨好和拖延的行为，让她到最后一天都没有坦然面对这个
结果，始终让自己在纠结的情绪中。

　　讨好和拖延的行为，来自她潜意识底层的信念，就是她渴望被别人认可，
希望对方在离职后依然对自己保持原有的好印象。这就是我们通常所说的"好
人需求"，期待身边的人都说自己是好人，期待得到身边所有人的认可。这样
的人，通常会很在意身边的人对自己的看法，常常不自觉地会去讨好身边的
人，往往在面对问题需要自己有原则和立场时做出拖延的行为，反而让别人
收到的是自己的虚伪。

　　当她愿意诚实面对自己的盲点时，能感受到当下的她已不再纠结，问她
是否清晰自己接下来该怎么做时，她说自己清楚了，她会首先感召对方愿意
留下来，发愤努力把握好明年的 PK 机会，因为以前她自己也有过同样的经历。
当然，如果对方选择离开，她也会尊重对方的选择，不再纠结。从她坚定坦

然的态度中，能感受到这件事的确已经不再让她纠结了。

其实，以往我在自己经营企业的过程中，也常常会面临类似的选择，就是我的出发点到底是要做一位好的领导人，还是做员工心目中的好人？相信很多做管理的朋友也会有同样的困扰，困扰我们的不是我们理性上不知道该如何做这个选择题。

事实上，我们常常做的选择是无意识中自动化地选择后者，也就是让自己做一个员工心目中的好人。一个领导人，如果出发点是成为能够让所有人都认可和满意的好人，往往就会很在意团队里面的人会怎么评价自己，当企业的需求与别人的需求发生冲突的时候，就会失去原则和立场。很难想象，在一个"好人需求"的领导人的带领下，这样的团队会有什么大的发展。最终的结果反而会适得其反，没有一个真正的团队会需要一个"烂好人"做自己的领导人！

一个好的领导人，他 / 她的出发点不会是首先要得到团队所有人的认可；一个好的领导人，意味着他 / 她的焦点首先放在如何实现企业发展的目标和愿景，意味着在面对内部管理问题时坚守企业的原则和立场，对企业的良性发展负责任。他 / 她首先会考虑的是，如何可以感召到团队所有的人愿意为了企业的愿景和目标而持续行动，直至愿景和目标达成。

在生命的每个当下，保持觉察与觉知，看到自己在当下的出发点是否与目标和方向保持一致性，无疑是非常重要的。有一次培训早餐时遇到一位朋友，他和他妻子都是我的学员，我俩坐下来边吃边聊。他告诉我比较苦恼的一件事情，是他最近和妻子时常会有一些争执，而且最近这种争执的激烈程度是他们过去十来年夫妻生活中都很少有过的。

他告诉我，自从参加我们中心课程的学习，的确发现在以往自己有很多不足和缺点，特别是以往很少顾及妻子的感受，很自我和大男子主义。他自我感觉参加学习这段时间以来，自己已经有很大的变化了，时常会去问妻子一个问题，"亲爱的，你觉得我改变了吗？"在他内心很渴望自己的改变能得到妻子的认可，但是恰恰相反，好像妻子并不怎么认可他的变化，故此常常会因为他的这个举动引发两人之间的不愉快。这让他很沮丧！

我问他，你问妻子这个问题的目的是什么？很显然，他的目的是得到妻子的认可。我又问他，你要让自己改变的出发点和目的是什么呢？而实际上，他来学习的出发点是为了让自己得到成长，目的是让自己可以变得更好，让家庭更加幸福。

其实，类似的状况在很多学员身上都会发生。有不少学员来参加学习，在学习的过程中对自己有了更多的发现，对自己的了解更加深入，也的确在学习过程中有了很多改变。不过他们内心都有一种渴望，就是渴望自己的这种改变能够得到身边的家人和朋友们的认可。一旦没有得到相应的期待中的认可，往往就会表现得很泄气和沮丧，甚至更加极端的做法就是因此而放弃学习和改变。

之所以会有这样的状况出现，是因为受到潜意识中的信念影响，比如说认为"自己的改变只有得到别人的认可才是有价值的"，或者是"得不到认可就说明自己没有改变，学习没有用"，又或者是"自己改变了别人就一定要认可"等诸如此类的信念。希望得到别人的认同，这是我们大多数人内心都会有的渴望，求认同本身并没有问题。

但是，把是否能够得到认同看作衡量一件事情是否值得做的标准，或者是做一件事情的目的，这就会出现很大的问题。就像我的这位朋友，渴望自己的改变得到妻子的认同，这本身无可厚非。不过如果没有区分清楚渴望和目标，把改变的目的混淆成得到妻子的认可的话，当得不到妻子的认可时自然就会觉得很沮丧，甚至会觉得自己的改变毫无意义，并因此而怀疑自己是否还有坚持努力做出改变的必要。

我常常会和学员分享，我们来上课学习，不要首先去期待别人因为你来上课了，而立刻要去改变对你的态度。而是即便别人依然用同样的态度对待你，但是你也可以选择自己对别人相同态度的不同看法。也就是说，原本别人的态度会导致你的自动化反应，而现在你开始学会一种调整的能力，就是即便别人用同样的态度面对你，你也可以转换用不同的态度来面对，而不再是自动化的反应。之所以期待别人在自己上课之后，改变对自己的态度，背后的出发点是期待自己的改变得到别人的认同，而且是要马上表现出这种认同。对方态度的改变，绝对不会是因为你上了课就自动化地发生；对方不会因为你来上了课，而立马改变对你的态度。

从你开始改变，到对方收到，并确认你是真的发生了改变，这是需要时间的。允许对方对你态度的改变需要一段时间，并且接纳对方在当下没有给到你所期待的认同态度，这本身就是一种改变。重点是，清楚自己改变的目的不是为了得到别人的认同，在别人没有认同时依然相信自己已经在改变，相信自己的改变是有价值的，承诺于自己改变的出发点并坚持做出改变，最终你将收获到别人对你的认同，以及更多因为改变带来的价值。你若盛开，蝴蝶自来。

准备好一支笔和几张 A4 白纸，给自己一个安静的时间和空间，诚实面对自己，并思考下面的问题。如果你认为有必要的话，可以在白纸上写下任何你想要记录的东西。

　　1. 你在最近是否有什么让你觉得很为难，甚至是很焦虑的事件吗？

　　2. 如果有的话，你看到在这些事件中你的出发点是什么？

　　3. 在这些事件中，你最初的目标和方向又是什么？你对自己有什么发现与学习？

关于投射

在我们的生活中，总是会在耳边听到诸如"我很讨厌那个家伙！""那家伙真的很让人觉得讨厌！"或"那真是一个令人厌恶的家伙！"之类的话语，甚至是这些类似的话语也常常会从我们自己的嘴里面说出来。不管怎样，在我们身边总是会有一些人让你觉得不舒服，或者是让你觉得很讨厌。

有没有想过，这些你讨厌的人，或是让你觉得嫌恶的人，和你自己有什么关系呢？他们为什么会出现在你的生活中呢？甚至曾经你也有过类似让你更加抓狂的体验吧？即便你来到一个新的环境，也总是会有同样的那些让你觉得很讨厌的人出现在你的生活中，和你以前所讨厌的那些家伙相比，差别只是换了个名字而已！你是否有让自己停下来去认真思考过，这究竟是为什么吗？这些究竟是怎么发生的呢？

就拿我自己来说吧，在生活中我总是很讨厌那些看上去强势的人、自大的人、傲慢的人、炫耀自己的人、浮夸的人、武断的人、讨好的人等，当我去一个人群中时，即便是一个陌生的环境中，我也总是能够很快地辨认出这些人，就好像自己装了一个雷达识别系统一样。然后接下来，我会让自己总是刻意和这些人保持一个内心觉得安全的距离，因为这样，至少可以让自己心里舒服些。

有一次我在北京参加一个峰会论坛，台上有一位嘉宾翘着二郎腿，一副我是老大我说了算的样子，言语中极为不屑甚至是蔑视其他嘉宾的发言。他的傲慢和自负，以及对其他嘉宾的不尊重，当下让我觉得浑身不舒服，甚至体验到自己内心有很想拔脚离开现场的冲动。

而就在前几天的一次教练会议上，有一位教练分享他是如何用自己的方法支持到一位学员，令对方愿意去面对挑战。在我耳中，我听到的是对方浮夸炫耀的语言；在我眼中，看到的是对方自以为是的笑容。我觉察到在那个当下，自己的眉头开始有轻微的皱动，内心开始升起不耐烦，我听到自己可以说是在用毫不客气的语气对他说，"我觉得你不是真的在支持对方，而是在忽悠和讨好对方。"我看到他嘴角的笑容好像瞬间僵硬。

休息的时候，很不巧又听到他在和另外一个教练说，"我们是要赢，但是更要输得起。"我听到自己几乎是在用愤怒的语气粗暴地冲他脱口而出，"什么要赢更要输得起？你这就是屁话！"我看到他脸上的尴尬，体验到对方有一种愤怒的情绪。几乎在同时，我听到一个声音在大声告诉自己，"喂，你在干嘛！你真傲慢！你真令人讨厌！你真是一个自以为是的家伙！"这个声音是如此的清晰，以致让我无法假装听不见。瞬间，在当下我看到了一个真相！

这个真相就是，我突然发现，此刻的我，是那么的自大、傲慢和强势！我不喜欢强势、傲慢、自大的人，可此刻我在别人眼里不就是那个自大、傲慢、强势得令人讨厌的家伙吗！我更看到自己以往在生活中，不正是一方面抗拒和强势权威的人靠近；而另外一方面又同样对他人，特别是对那些我认为不如自己的人，在不自觉中展现出来优越感，以及那种目空一切高高在上的自负和傲慢！

我是那样的自动化，听到对方说的这些话，缺乏好奇心，甚至都没有耐心和兴趣问问别人说这句话的原因是什么？有什么目的？就自以为是地按照自己对这句话的理解和演绎，去认定别人就是这样想的！我相信自己的想法就是对方要表达的意思！可是我却忘了，我相信的未必是事实，这么简单的道理，我竟然忘记了！当我带着自己的演绎和判断以及情绪去给别人回应时，对方收到的不是我的支持，反而往往收到的是我的挑剔和指责，自大和傲慢。

我同时也看到自己对于别人刻意炫耀的不舒服和抗拒，更深层次地看到自己其实也是一个喜欢炫耀自己有多牛的人；更加可怕的是，我还认为自己的炫耀很高明，穿着一层谦虚的外衣可以让别人看不到有任何炫耀的痕迹。当出现有任何与自己想法不同的观点和意见时，我就会自动化地认为那是对我的抗拒和否定，从而启动自动化的防御机制，要和对方扳手腕分高下来证明自己是对的，证明我才是权威。我自己外在呈现的是自大的无所不能式的自信，其实内心底层反而是更大的不自信和自卑。

从我的分享中，你是否看到你自己在生活中也会有着类似的情况呢？你最讨厌的是什么呢？你又最讨厌怎样的人呢？是那些看上去强势的人、自大的人、傲慢的人、炫耀自己的人、浮夸的人、武断的人、讨好的人吗？还是那些看上去自私的人、虚伪的人、懦弱的人、胆小的人、自卑的人、猥琐的人、冷漠的人、无情的人、冷酷的人呢？不管你讨厌的是什么，不管你讨厌的是怎样的人，其实真相是你讨厌那些在自己身上的所有相同的呈现，抗拒其实在某种程度上你也会是那样的一个人！所有你讨厌的这些外在呈现，其实都是你自己内心的投射而已。投射的实质，是你将自己身上所存在的心理行为特征推测成在他人身上也同样存在。在这里，通过投射，你把自己所不能接受的那些性格、特征、态度通通转移到别人身上，好让自己可以义正词严地

 **点亮心灯**

> 我们不仅会在别人身上投射那些自己所不能接受的性格、特征、态度以及负向特质，也会投射那些吸引自己的性格、特征、态度以及正向特质。

去指责对方，可以不用去负责任。

一个人如果缺乏对每个生命保持同等尊重的意愿和心态，就不可能真正意义上做到谦虚、谦逊和谦卑。而对每个生命，包括对你自己，都保有一颗好奇心，是一个很好的开始。就像这次会议上，当房间里面充满压抑紧张的气氛时，"我好奇的是，发生了什么让你有现在的这些情绪？"另一个教练恰当的提问，就让对方愿意去沟通出自己的情绪，及产生这些情绪的原因，以及愿意开始去回看自己的学习和总结。当彼此愿意开始去沟通出内在的真实时，气氛就开始发生变化，房间里开始变得轻松和坦诚。

我以往大体上是个缺乏好奇心的人，现在我发现当有了好奇心，即便是同样的一个提问，都会有不一样的结果发生。当我带着好奇心问"发生了什么"，对方收到的就会是支持、关怀和在乎；而如果只是纯粹自动化地技术性地问同样的问题，对方看到的可能就是一个端着教练款的冷冰冰的机器人；

而如果是带着高高在上式的口吻问"发生了什么"，对方收到的就会有可能是高高在上被控制被嘲弄的感觉。不同的态度和出发点，对方收到的就会是不一样的，最终的结果自然就会是失之毫厘谬以千里。

我们不仅会在别人身上投射那些自己所不能接受的性格、特征、态度以及负向特质，也会投射那些吸引自己的性格、特征、态度以及正向特质。在我们身边，常常会有这样的现象，就是有些人身上有一些特别吸引我们的东西，你很愿意向对方靠近。不过，如果你愿意中立客观地看待这些人的话，你同时也会发现，在他们的身上同样也存在不吸引我们的特质。只是以往我们的习惯是爱屋及乌，如果你先入为主地被这个人吸引的话，也会对他们身上那些负向的特质选择视而不见。这一点，尤其体现在追星和偶像崇拜上，往往有很多粉丝会为自己的偶像做出很疯狂的事情。比如，和偶像一样的衣着打扮，个人爱好，甚至把自己的焦点都用来关注偶像的一言一行，为了捍卫偶像的声誉可以付出任何代价，听不得任何关于自己偶像的负面评论。

所以如果你能够做好区分，看到其实对方吸引你的是他们身上所体现出来的那些正向特质，而不是对方这个人的话，就不会做出一些过激的行为和选择了。一直以来，我很喜欢听张学友的歌，如果一定要为自己找一个偶像的话，张学友可以算得上是我的偶像。在张学友身上，最吸引我的特质是他对于歌唱事业的专注，对于爱情的执着，对于家人的担当，对于新鲜事物（舞台音乐剧）的冒险与创新，还有他体现出来的自信、激情与洒脱。

而这些特质同样在我身上都存在，对于我现在的培训工作，我非常热爱与专注，为了更好地做好它，我关掉了自己的房地产经纪公司，以便让自己全身心投入培训事业。对于爱情，我也同样是执着的，从1988年开始认识我太太，到现在为止，我们已经一起走过30年的时间。在我身上，同样也有对家人的担当，敢于冒险和创新，我身上也有自信、激情和洒脱的特质。所以，我那么喜欢听张学友的歌，一切都太正常不过了。但是我很清楚地知道，我是我，我有自己独立的思考和观点，我接纳任何人对于张学友的任何评论，我不需要为了证明自己是他的歌迷而去做任何违反自己价值观的行为。

我们要做的就是保持高度的觉知与觉察，区分清楚此刻引发我内在波浪的东西到底是什么，是否是真的与外在的世界有关，还是其实只是我内在的投射。生命的成长，在于每个当下保持自我觉察与觉知；对自我的觉察与觉知，也就是在每个当下有意识地觉察自己的起心动念，从每个当下愿意带着对自己和对他人的好奇心开始，往往就会有不一样的效果。

练习
PRACTICE

准备好一支笔和几张 A4 白纸，给自己一个安静的时间和空间，诚实面对自己，并思考下面的问题。如果你认为有必要的话，可以在白纸上写下任何你想要记录的东西。

1. 在生活中，你最抗拒和哪些人相处呢？在他们身上，有哪些特质或态度是你所抗拒的？

2. 在生活中，你最愿意和哪些人相处呢？在他们身上，有哪些特质或态度是很吸引你的？

3. 从投射的角度来看，你对自己有什么发现？

CHAPTER | 第五章

FIVE | 重写人生的剧本

引言

有一句话叫做"人生如戏，戏如人生"，的确如此，我们每个人的人生就像一幕大戏，每天都在上演着一幕幕的精彩剧情。毋庸讳言，我们每个人都是自己人生大戏中的主角；不但如此，我们还是自己人生大戏的编剧和导演。我们生命中的这些剧情，其实都是我们早就已经为自己设定好的。

前一段时间我一直在利用空闲时间追剧，有一部美国电视剧集《西部世界》，我看了以后很有共鸣。说的是在未来科技高度发达，人类可以制造出看上去与真人无异的智能机器人，这些智能机器人在一个叫西部世界的超大型主题乐园中被称为"接待员"。接待员们被分布在西部世界的不同位置，每个区域都有不同的游戏主题和剧情，他们按照剧情需要扮演着不同的角色，唯一的使命就是满足来到西部世界的游客们为所欲为的内在需求，甚至是被强暴被杀戮。

所有的接待员都被在大脑内植入的芯片代码控制，夜晚降临就会失去生命变成玩偶傀儡维护检修，第二天早晨醒来记忆会全部被抹去，然后每天都在重复上演同样的剧情。某种意义上来讲，其实我们和西部世界中的接待员很类似。比

 **点亮心灯**

> 我们总是会在生命中被同样的课题卡住，不断地为同一个
> 未被穿越的人生课题买单付代价，我们其实都生活在自己所创造
> 的"西部世界"中。

如，我们总是会在生命中被同样的课题卡住，不断地为同一个人生课题买单付代价，我们其实都生活在自己所创造的"西部世界"中。

前几天的训练中，有一位学员分享了自己的一段在关系中受害的故事。她有一个从初中就一起玩到大的女性好朋友，堪称极品！她们认识的时间超过10年，在这么多年的相处中，一直都是她在扮演着照顾者的角色。

和朋友们一起出去玩，她的这位女朋友不但从不买单，还总是挑最贵的最好的点单，从来都不顾及她和其他人的感受。其他的朋友都很聪明，后来都不和这个女生一起玩，只有她还傻乎乎地老是约她一起玩。不过，她的这位女朋友虽然对她们很吝啬，却很舍得把钱花在自己的宠物身上。

她在朋友中一直是个很大方热心的人，这位极品女朋友一直单着，她还张罗着帮她找男朋友。最近一次，她介绍一位自己认识的男性朋友给这位女朋友，初次相亲见面极品女友就由着性子点了一大桌，搞得她在朋友面前很

尴尬。还好自己的这位男性朋友蛮有涵养的，倒没有对此多说些什么。反倒是事后这位极品女友挑剔对方不够优秀，而且一直抱怨、指责她！想到自己这么多年的委屈，她也终于爆发了，一气之下和对方决裂。

事实上，这十年来在和这位极品女友的关系中，她一直把自己放在一个比较低的位置，不愿意拒绝对方的要求，总是隐忍满足对方；而十年来极品女友也把对她的予取予求当成了理所当然。这就是她在和朋友相处这个剧本中的常态，就像她在这次训练最初分享到的，她的团队缺乏执行力，她觉得自己都喊不动他们做事情。原来她的团队成员也都是她的朋友，她本以为朋友在一起做事情好商量，结果没想到自己反倒受累受气。

经过对话，她觉察到根源在于她的潜意识中有一个信念，她认为对朋友大方才能维护好彼此的友情。正是因为这样一个信念，所以她对朋友出手都很大方，生怕因为满足不了朋友的需求而影响到彼此间的友情。这位极品女友其实就是被她自己一手塑造出来的，这其实是关系中一种相互供养的状态和结果。断绝关系之后，她反而感受到前所未有的轻松和解脱！

她还有另一个信念，她认为如果对朋友提要求会影响到彼此的关系。所以，必然地在团队中她就没原则没立场没要求，作为团队的领导者反而变成了受气包。

这些信念的形成，和她的成长经历有关。原来在读小学的时候，妈妈一直告诉她不要借东西给别人。她因为听妈妈的话，有一次没有借文具给同桌用，结果就被其他的同学集体排挤孤立，给她带来很大的压力和恐惧。这件事情给她带来的影响是巨大的，从此以后，她就完全变成了另外一个人，而且在潜意识中植入了一个信念，做人一定要大方，只有对朋友大方，才能维护关系。

另外的一个背景就是，在从小到大成长的过程中，父母总是拿她和别人家的小孩比较，她觉得在父母的眼里好像自己始终不如别人，她一直很渴望在父母面前证明自己的价值，期待得到他们的认可，期待自己能成为父母的骄傲！在没有从父母身上满足自己内在的渴望和期待之前，极品女友的存在，总是能够满足对方的需求这一点，也很大程度上满足了她自己内在的被需要的价值感和存在感。

如果她的这些信念不调整，在和朋友相处的过程中的模式和习惯就不会改变，几乎可以肯定，也许过不了多久，在她的生活中就会出现另外的极品女友。我们自己就是一切的根源，是指我们潜意识中的这些最主要的根本性的信念决定我们人生的结果。如果整个人生是一个大剧本的话，在她和朋友关系这个分剧本中，关于如何与朋友相处，如何看待与朋友之间的关系等，在这些方面的信念不发生改变，这个分剧本的剧情就不会发生改变，只是换个场景换个角色而已。

与自己和解

在一次团体共修中，L师姐分享了自己的故事。她从小很敬仰自己的大哥，大哥一直是家庭的骄傲和支柱，不幸的是大哥在五六年前得了抑郁症。她是一位医务人员，觉得自己责无旁贷，花了很多的心血和精力，想要治愈好大哥的抑郁症。

但是，无论她如何努力，都无法取得任何进展，慢慢地她越来越沮丧和痛苦。她分享的一个场景让我印象非常深刻，她去看大哥，房子的客厅里光线很好，外面阳光灿烂；大哥却一个人躲在房间里面，拉着厚厚的窗帘，她和大哥说不了几句话就再也无法继续交流。从她分享时的情绪，我可以想象得到当时的她面对此情此景内心有多么痛苦。

幸运的是，后来通过学习，她看到自己在扮演一个拯救者的角色。事实上，大哥需要的不是拯救，而是爱。她意识到自己拯救不了任何人，她觉察到的是，自己和家人其实是不接纳大哥得了抑郁症这件事情。于是她让自己回到一个充满爱的妹妹的位置，无论大哥是健康的还是抑郁的，作为妹妹能给予的就是无私的爱。

　　当她开始转变，其他家庭成员同样也开始接纳大哥的现状，付出给大哥全然的纯粹的爱。结果，意想不到的事情发生了，大哥的抑郁症开始慢慢好转，开始主动联系朋友，甚至最近可以一个人去旅行。她的分享让我们很感动。

　　当她以往在扮演一个拯救者时，自然在内在就无法接纳未能成功拯救这个结果，面对这个不如意的结果自然就沮丧和痛苦。看见自己的拯救者身份，接纳自己无法拯救任何人这个事实，就是一个她开始与自己和解的过程。

　　和解，意指平息纷争，重归于好。我们每个人，内在有一个真我，外在有一个自我；与自己和解，我个人认为就是自我和真我的统一。当真我与自我不统一时，常常就会让自己活在焦虑、压抑、纠结、挣扎、愧疚，甚至是绝望和崩溃的体验之中，这些体验我们可以统称为痛苦；或者干脆让自己的生命状态越来越麻木冷漠，以逃避真我和自我不统一带来的内心体验。

　　我以往就生活在和自己没有和解的生命状态下，无论是我自己，还是我身边的人，我都用一个严苛的标准来对待。我不能接纳自己对于结果是无能为力的，比如很多时候当我做不到自己预设的目标时，我会对自己很生气和愤怒，进而会认为自己是无能的，对自己的无能很讨厌，甚至是痛恨。这些年来，我越发看清楚，过去我的自我给我身边家人带来的精神上的伤害，特别是对我儿子的伤害。表面上看是我不接纳儿子没有很好的成绩，其实是我不接纳自己怎么可以做不到帮助儿子有好的成绩！

　　我很讨厌这种无能为力的感觉，为了不去面对这种无力感，我的自动化反应模式就是要么合理化，给自己找到各种理由让自己去接受当下的结果；要么放弃，离开或者假装忘记这个目标。但是，内在的真我又时不时提醒我，合理化和放弃都无法让真我真正地平静下来。

　　我们每个人内在的真我原本都是真诚和光明的，是喜悦和丰盛的，真我是不需要和解的；只是在生活中我们的经历让真我沾染了很多习气，慢慢地

 **点亮心灯**

之所以会不接纳自己做不到结果，是因为我们的自我往往把自己的价值与结果等同起来。

我们都变成了五毒（贪、嗔、痴、慢、疑）俱全的人，为了保护自己，我们都戴上面具用自己的形象彼此相处，这些面具和形象就是我们自我设计出来用来保护自己的。

很多时候，我们不能与自己和解，其中有一个很重要的原因，是与达不到自己想要的结果有关。之所以会不接纳自己做不到结果，是因为我们的自我往往把自己的价值与结果等同起来，结果做到，自我就得到肯定和满足，就认为自己是有价值的。结果没做到，自我的潜意识就会告诉自己"我是没有价值的""我不行 / 我不够好 / 我无能 / 我做不到"等诸如此类的结论。而这些结论，与我们每个人的真我是背道而驰的。因此，当真我与自我不统一时，自然你就在一个和自己不能和解的生命状态下，痛苦和麻木就会常常伴随你。

与自己和解，意味着在每个当下觉察到自己此刻的生命状态，觉知到影响自己此刻生命状态的源头是什么。光有这样的觉察和觉知在我看来还是不够的。就好比一艘漂泊在大海中的船只，看清楚自己的位置和状态还不够，还要明了自己此行的终点在哪里，并且航行在去向终点的路上。我们的生命之舟亦如是，还需要明白地知道，我是谁？我是一个怎样的男人或女人？我要将自己的生命之舟驶向何方？我要活出怎样的生命状态和维度？然后，带着这份觉察和觉知，践行在实现人生愿景和使命的道路上，这才是真正的与自己和解。

和自己和解，不单是接纳自己人生的每个当下，看见自己的真实与完整，更是活出自己更好的生命状态，和更高的生命维度。与自己和解，是一个结束，更是一个开始。

接纳真实的自我

我们常常渴望自己成为一个完美的人，因为我们潜意识中相信，自己只有完美才是值得被爱的！这是我们潜意识中认为自己不够好，认为自己不值得被爱的源头所在。所以很多时候，我们都要用面具和盔甲武装自己，不敢让别人看到自己内在的脆弱。

一直以来，我渴望自己是一个完美的人。一直以来，在自己的生活圈中，我都在扮演一个完美的形象，正直、公正、大爱、付出、负责任、有担当！而事实上每个人的内在，都有自己的光明与黑暗。我知道在我自己编织的光环中，有我不敢正视和面对的部分存在，有我不愿意承认和接纳的部分存在。

我小时候体弱多病，记得三天两头的不是赤脚医生来家里给自己打针，就是父亲带着自己去医院看病，印象中中药也喝过不少，从小在别人眼里就是个药罐子。很小的时候，就幻想自己长大要成为一个英雄人物，幻想哪一天有位茅山道士能收自己为徒习得满身武艺。所以，小时候不但爱看英雄人物的小人书，还有个画英雄人物的爱好。记得有一次小学五年级参加数学竞赛，交卷前在试卷背面画了"双枪陆文龙"，结果考完没几天，被身为小学教师的父亲拿起鞭子狠狠地教训了一顿。

记忆中的我，小时候是个皮大王，什么上树掏鸟窝，下河摸鱼，偷吃邻居家鸡窝里刚下的蛋，嘴巴臭骂人这类的事情没少做过。更严重的是，小时候痴迷小人书，看到别人家有自己喜欢的小人书，总想着要把它们占为己有。所以，小时候印象深刻的是父亲对自己的惩罚，被罚跪过扁担，挨过巴掌和鞭子。只要有人来家里找到父亲告状，接下来总逃不开棍棒问候。小时候内心深处对父亲的严厉是恐惧的，有一次在外面玩，听到父亲喊自己的名字，竟吓得从木凳上蹦了起来。从小就知道，不能犯错，犯错是要被父亲惩罚的，怕犯错的阴影应该就是这样来的吧。长大以后，我慢慢就养成了做事情要合乎规矩讲规则的习惯。要做被大家认为是对的事情，就成为我潜意识中的一个信念。

小时候虽然常常挨父亲揍，却并不是我童年的全部，其实从小到大学习成绩都很不错，在学校里拿个奖状得个表扬也是家常便饭，在亲戚朋友中一直被视作是其他孩子学习的榜样。在自己成长的过程中，大多数的时间都是得到家长、师长和亲友的赞扬和认可，潜意识的信念中"得到表扬和认可，我才是有价值的""没有得到表扬和认可，我的价值不足够"。

我看到渴望被赞扬和被认可成为自己的一个制约，看到自己内心的对话，"我没有他们说的那么好，我必须达到他们的要求，否则便不会得到爱。"有的时候出发点会是求认可和赞扬，而非事情本身的价值或是对于自己的价值，会很在意自己的行为要得到别人的认可。我必须要表现得达到某些标准，或是满足某些期待，否则便是没有价值的。

我内心深处的渴望是要让每个人都看到自己，内心恐惧别人把自己放在一个不重要的位置。的确如此，平时在生活和工作中，我会很在意别人是否尊重自己。如果感受不到对方对自己的尊重，我的自动化反应就会伴随而来，会情绪低落，怀疑自己不够好，甚至因此远离对方。为了证明自己是足够好的，我会让自己表现得更好直到赢得尊重。在我成长过程中，每当自己呈现出的一项品质没有得到欢迎时，便会把它丢进自己的背囊中。慢慢地背囊中装得满满的，远远多过自己呈现出来的那些品质。

在我的生命中，我看到我核心的恐惧，就是我竟是不完美的！出于对我是不完美的愧疚和恐惧，我选择忽略自己的阴影，可是我又无法做到对自己的阴影完全视而不见，假装它们真的不存在！这样的结果时常会让自己内心充满愧疚自责，甚至是悔恨羞耻，时常内心会有无力感。我到底是谁？那个高大伟岸正气凛然的我，要求自己去活现出完美形象的我，真的是我吗？

我有时会思念早逝的母亲，母亲去世时，出于对死亡的恐惧和内心的软弱，我甚至不敢去触摸母亲的遗体，这成了我内心永久的伤痛。每念及此，我内心深处充满愧疚和自责。我还认为自己是一个很公正的人，以前自己做房产营销时公司代理的项目，却有时会不择手段，为追求更多的佣金而跳同行的单。我对其他女性有过性幻想，因此而觉得羞耻，认为这是肮脏的想法。有时妻子不在家的晚上，会一个人偷偷看情色电影，当妻子问自己晚上一个人在家做什么时，会因为没有对她诚实而自责。我一直在扮演心目中的包容大度、正直无私、付出大爱、纯真善良、自信担当的完美男人形象。

一直以来，我不愿意面对自己也有唯利是图的一面，为了利益上的独享或更多占有，而损害别人的利益。为了减少良心上的自责，而给自己找了各种合理化的理由。一直以来，我也不愿意承认自己有自私自利懦弱的一面，对权威的服从，不敢质疑权威，不敢挑战权威。一直以来，也不接纳自己也有虚伪的一面，也有怕麻烦、嫌贫爱富的一面。

然而，这就是我，一个真实的我，我承认并接纳自己可以是不完美的。

 **点亮心灯**

当我愿意面对自己的阴影时，我内心不再愧疚自责，不再后悔羞耻，我内心平静而有力量，因为我知道这就是完整的我！

我也是可以软弱、自私、懦弱、虚伪、贪婪的，自己也是可以有不纯洁的想法和念头的，我的确也会有这些阴影的存在。同样，我也依然拥有自己的正直、激情、勇敢、负责任、诚实、坦诚、真诚、自信、担当的品质，我并不会因为自己存在的这些阴影而失去这些优秀的品质和力量。当我愿意面对自己的阴影时，我内心不再愧疚自责，不再后悔羞耻，我内心平静而有力量，因为我知道这就是完整的我！

我的确是不完美的，但我却是完整的！当我愿意面对和接纳自己的阴影时，愿意面对真实的自己，我已经从自己的阴影中获得了更大的力量。

我遇到过不少来学习的朋友，在外人眼里应该算是很成功的了，但是内在却并不快乐，对自己有很多自我怀疑，常常会体验到沮丧、焦虑和空虚感。究其根本，往往是因为他们相信自己是不够好的，所以不管取得多大的成就，都无法弥补低自我价值带来的不足够。内在关于完美的声音，始终在给他们带来困扰。这个声音，来自成为理想的我的渴望。

如果你对自己的信念是要做一个完美的人，在过去的很多年我都是这样告诉自己的，我一直在用理想我的标准要求自己，要求自己活成一个我心目中完美的我。我告诉自己，我不可以做错事，我不可以说错话，我不可以不成功，我不可以赚不到钱，我不可以偷懒，我不可以抱怨，我不可以做不到，我不可以不聪明等。多年来我一直非常勤奋，很拼命地努力着，完全忽略了我自己到底是谁？我生命的意义在哪里？在我的生命中，什么才是最重要的？

每次当我不堪重负停下来喘口气的时候，我看到的是自己做得还不够好，离目标还差很远，我又做了些什么让自己觉得很愚蠢的事情！然后我就开始指责自己，恨自己，甚至鞭打自己！然后又开始更加拼命努力，但我发现自己还是做得不够好，离那个完美的理想我越来越远，我更加恨自己。我决不允许自己停下来，很恐惧在一个状态下停留，在自恨循环的游戏中，我玩得很熟练且沉迷其中。尽管在我朋友们的眼里，我家庭幸福事业有成，可是我的内心却总是体验不到快乐！

不但我内心常常焦虑不安，而且给我身边的家人，包括我的亲密关系和孩子，也带来了很大的压力。

当我开始看到自己过去一直没有和真实我连接，当我开始在生命中探索真实我，并且开始在生命中活出那个真实我，我开始接纳现实我和理想我的距离，我开始看到自己还有更多地方做得还不错，开始更多地爱自己而不是鞭打自己。当我看清自己的真实我，看到我的理想我背后的人生愿景和方向，我承认和接纳自己的现实我与理想我的距离，我不再那么紧绷，越来越轻松，我活出了一个完整和真实的我，在通向理想的道路上更加地爱自己，欣赏自己已经付出的所有努力。这让我在成长的道路上，成长的驱动力不再是恐惧，我的内在充满幸福与快乐，我的内在是丰盛和富足的。

　　只有先做到接纳真实的自我，才能真正开始做到爱自己欣赏自己！唯有开始爱自己欣赏自己，自己才会开始自信和有力量。有效的改变，从信念的改变开始。而对于自我信念的探索，真实我、理想我与现实我的和谐统一，活出完整和真实的自我，活出更好的生命状态，你可以为自己创造一个美好的世界。

自我负责

就像在本书第一章中所写的，我们在人生中大多数时候，都处在一个受害者的心态位置。之所以会让自己在受害者的位置，其实是潜意识中相信自己对于结果的改变是无能为力的，除了在生命中博取其他人的同情之外，其中隐藏的另外一个潜在的好处，就是相信自己不需要为结果负责任。

受害者的意思，并非仅仅指我们在某个事件中或是某段关系中身体受到伤害。大多数时候，让我们处在受害者位置的事件有可能就发生在我们日常生活中，让我们的心情处在负向的体验中，这也可以称之为"受害者经验"。

比如，我过去开车的时候，常常受害于拥堵的交通，或是不守规矩的司机的莽撞无礼行为。我最讨厌在开车的时候，被别人突然变向加塞，每次发生这样的事情，我都会很愤怒！特别是对方的动作是如此的突然，以致我要踩急刹车避免碰撞。我很爱护自己的座驾，在踩急刹后，听到自己车子轮胎与地面摩擦产生刺耳的声音那一刹那，我感觉自己要爆炸了！

我在脱口而出地骂的同时，狠狠地盯着前面的车子，开

 **点亮心灯**

> 把焦点聚焦到要和对方创造一个怎样的关系时，才会即便内在依然有恐惧和不安全感，也愿意放弃控制敞开自己内在的脆弱，与对方建立连接。

始了我的报复行动！我憋住一口恶气，紧紧跟在那个该死的家伙的后面，不断寻找机会，要给对方一个教训。终于瞄准机会，我一踩油门，快速超过对方，然后猛地变向插入对方车道，随后点住刹车，同时紧紧盯着我的后视镜。当我从后视镜里面看到对方不得不紧急刹车的狼狈相后，兴奋地忍不住喊出一声"Yes"！然后一踩油门扬长而去。

先让我们来看一下，为什么我会对别人加塞那么愤怒？原来是我对被加塞的看法决定的。我相信，对方这样做是在欺负我！事实上，这只是一个信念，而并非一定是事实。这个信念引发了我更底层的一个信念，对方欺负我是因为他把我当成了一个弱者！这引发了我的自动化反应，我很抗拒被别人看成是弱者，为了证明自己不是弱者，所以我就要找回面子，一定要为自己讨回心目中的"公道"！

对方并不认识我，和我没有任何过节，在我面前加塞只不过是刚好碰巧而已；而且有可能是因为要赶时间，所以才会开得如此冒险。总之，他没有任何要欺负我的主观理由。而我的动作相对于对方的加塞而言，已经将行为升级到故意报复给对方难堪，自然会引发对方对我的报复。可以想象，两辆车开始了危险的追逐与报复行动，很容易就会发生交通事故。这一切，都是由于当我被加塞的时候，受害者的心态所引发的。

我们开车的目的，是为了安全抵达目的地。自我负责的意思是，我用负责任的心态面对时间，对自己的结果负责任。自我负责的态度是主动的，焦点放在结果上。面对被加塞，我依然会有情绪，但是我能够觉察到自己的情绪，觉知到情绪背后的信念，并区分这是信念而非事实。当我看到情绪底层的信念时，我的情绪就会开始调整，不再被对方影响到自己的情绪和结果，我就有能力和力量为自己的结果负责任。

我认识一位朋友，他在关系中一直有一个固有的模式，和对方关系好的时候，很愿意为对方付出、帮助对方，不计较个人得失；可是一旦两个人关系中有一些问题发生，他就会开始和对方疏远，故意装出无所谓、不在乎的态度。不管心里有多难受，有多渴望关系重新回到轨道，他也始终不愿意迈出第一步，甚至有的时候会先从关系中离开。这样的模式，让他在关系中付出了很大的代价，很多关系因此而破裂。

原来，在关系中他的焦点始终放在自己的感受上，很多时候任性得像一个大孩子。他的内在有很大的不安全感，这源于他童年成长的经历，父母在婚姻中的关系给他从小就带来了很大的自卑，很害怕自己在关系中被对方抛弃。所以一旦在关系中有问题发生，由于害怕被对方抛弃，一方面会有很强的控制欲，寄希望于控制给自己带来安全感；另一方面，当觉得局面不受自己掌控时，为了不用面对可能会被对方抛弃，他会选择主动先抛弃对方。

所以，当他不在自我负责的位置时，关系的恢复就寄希望于对方的主动，潜意识中觉得自己无能为力。只有当他把焦点聚焦到要和对方创造一个怎样的关系时，才会即便内在依然有恐惧和不安全感，也愿意放弃控制敞开自己内在的脆弱，与对方建立连接。才可能真正做到自我负责，才能真正在关系中有力量创造自己渴望的结果。

重写自己的人生剧本

　　就像我在本书前面章节提到的一样，我们的人生剧本早在童年时就已经写好了，从那以后我们只是在自动化地按照自己的剧本发展剧情。剧本设定，也就是这个剧本的大纲，我称之为"核心信念"。核心信念的形成，最初主要源自每个人童年的成长经历，我们也可以称之为"背景"。

　　我有一个朋友，拥有幸福的家庭，太太出色，儿子优秀，事业做得也不错；在朋友们眼里，他沉稳踏实，做事有担当，值得大家信赖；而且为人心地纯朴善良，人缘也不错。但是，他却总是不开心，常常把自己隐藏在人群中，也不敢在大家面前发言分享自己。我们常常跟他开玩笑，说话筒在他手里就好像是拉响引信的手榴弹，恨不得尽快扔出去。

　　深聊之下，他终于敞开心扉。原来，他内心深处一直很自卑，很不欣赏自己，认为自己不是一个成功的男人！从小成长的背景，导致在他的信念中，一个成功的男人，必定是要口才很好，有很多的金钱！他觉得自己的事业还不够成功，还没有赚到自己心目中想要的足够多金钱；觉得自己的口才很烂，因此在人前从不愿意公开表达自己的意见，碰到人多的场合总是尽可能不要引起别人的注意。

会有多少人在他身上看到自己的影子呢？生活中我们常常会给自己贴上各种各样的标签，正如他给自己贴上的标签，"我是一个不成功的男人！"我们又给自己贴上了怎样的标签呢？"我是不自信的？我是不够好的？我是不幸的？我是懒惰的……"每个标签的底层，在潜意识中都有一个我们对于自己的对话，每个对话的形成背后都有一个信念。如果我们不能转换这个信念，我们很难把给自己贴的标签撕掉。正如这位朋友，内心的底层，有一个关于成功的信念，"口才好，多金，才算成功"！他的这个核心信念不能转换，就很难让自己真正快乐。其实我们身边不乏口才好的人，也不乏多金的人，口才好的人未必有好的品牌，多金的人中以牺牲家庭完整或自身健康为代价的也大有人在！每个人对于成功的定义也不尽相同！

剧本大纲（核心信念）不改变，剧情（人生轨迹）就不会改变，只是换个情境再次上演同样的剧情而已，仿佛魔咒一般如影随形。那么如何才能转换自己的核心信念呢？正如这位朋友，当他一直把目光聚焦在自己不足的地方，自然很难。一个人如果一直把目光关注在自己的不足不够不美好，往往会对自己拥有的美好视而不见！他当然看不见自己的沉稳、踏实、担当、诚信，自然也看不见身边人的闪光点。日常生活中，他不但对自己苛刻，同样会习惯带着挑剔的目光去看自己身边的人。

当他愿意把目光关注到自己已经创造和当下拥有的，出色的太太、优秀的儿子、自己身上的所有这些令他自豪的优秀品质，愿意去看到自己在生活中已经创造和拥有的美好，内心瞬间充满喜悦和幸福！他看到自己原来是一个幸福的男人！口才可以锻炼，财富可以通过努力去创造，唯有内心有爱，珍惜自己在当下已经拥有的，接纳自己当下的不完美，美好的生活就掌握在自己的手中。当他愿意转换观点，从"我是一个不成功的男人"，到"我是一

 点亮心灯

　　我们每个人内心深处，潜意识当中都有一个对于自己的看法，这个对于自己的看法会伴随自己一辈子，会影响到自己人生的每个面相和结果。

个幸福的男人"，生活的意义和价值瞬间不同。我想，所谓"一念天堂，一念地狱"，大概也可以用来形容他此刻的心境吧。

　　我们每个人内心深处，潜意识当中都有一个对于自己的看法，这个看法会伴随自己一辈子，会影响到自己人生的每个面相和结果。生活的每个当下，关键是选择用怎样的观点去看待，你会选择如何看待自己呢？这个看法，或是观点，和我们的价值观，都称之为我们的"核心信念"，就是我们人生剧本的大纲。如果原有的剧本大纲（核心信念）无法支持我们实现自己的人生愿景和使命，那就需要重新建立新的有效的核心信念。

　　我有一个好朋友，最早印象中他是一个很有自己标准的人，容易情绪化，尖锐直接不留情面。几年来他不断学习改变自己，我也一路见证了他的成长，也看到他更多不同的面相。

　　过去他是一个对太太控制欲很强的人，他和太太老家同一个地方，太太

不到二十就和他一起闯荡大上海，多年辛苦打拼挣出一番事业和家业。虽已年近不惑，和太太关系好的时候，各种秀恩爱浓情蜜意甜得都要掉渣；情绪上来和太太不爽的时候，恶语相向甚至是挥拳而至！

有的时候，太太和小姐妹一起玩，如果过了说好的点回家，立马有情绪；太太一个人外出办事，不放心；如果太太不在家，吃不香睡不好。他自己这几年通过学习受益良多，原本也很想支持太太学习进步，但是想到太太会和异性有更多的接触机会，立即打起退堂鼓。因为这一点反反复复，太太也不想因为去学习导致这个家庭不和睦，慢慢地也失去了学习的热情。他很清楚信任太太是自己要突破的障碍点，事情来到眼前又总是自动化反应地来情绪，事情过去了又很纠结后悔。

原来这些来源于他内心对太太的不信任与不安全感，以及内心底层在太太面前的自卑，在他内心底层很强烈的自我怀疑和自我否定，潜意识中有个信念，认为太太瞧不起他，认为自己配不上太太，害怕被太太抛弃。内心底层的不安全感，导致了他对太太的强烈控制欲。一旦太太脱离自己的视线和掌控，自动化反应控制模式立刻启动，如果太太体现出来的是顺从服从，安全感得到满足，对太太千般满足万般宠爱。偏偏他太太又是一个大女人，我没做错凭啥总要我认错服软？如果太太敢抗争，更加激发他的控制欲，马上活现出暴君的专横！太太胆敢再不服软，就会上升到暴力手段！

其实这也就是他历来的习惯，他很痛恨自己被别人瞧不起！一旦感受到别人瞧不起自己，立刻启动自动化反应，情绪失控，甚至暴力征服，非得要对方服软不可。这一切源于他的原生家庭。他从小在北方农村长大，他们家在村子里是唯一的外姓，父母生性软弱，所以从小记忆中就是自己家被别人瞧不起，受尽欺负。"被别人瞧不起，就会被别人欺负，就是无能废物！"小时候总受人欺负，成年后自己有力量了，要是觉得别人瞧不起他，就很容易被激怒，会不惜一切代价为自己找回面子。"不认同我，不服从我就是瞧不起我。"

不过上面的这些都已经成为过去式了，剧情已经发生了很大的变化。我亲眼见证这些年来他的改变，以及由他开始带来的整个家族的改变。通过不断地学习，这几年来他的自我觉察和迁善调整的能力越来越强，情绪上来时会懂得马上对自己喊停，和太太的关系也是越来越和谐，家庭越来越幸福美满。原本太太和孩子们心目中的暴君，变成了慈爱、温暖的父亲和丈夫，他的整个家族也越来越充满爱。现在的他，乐于助人，内心很感性柔软，热心公益、愿意为身边的人付出，很愿意支持身边的家人朋友以及学员的成长，成为一个越来越具有正向影响力的企业家。

当我们对自己缺乏当下的觉察时，就会自动化地按照早就编写好的剧本发展剧情，就会被自己的剧本设定决定人生。这是因为，如果我们没有觉知到自己潜意识中的核心信念时，我们其实是被自己的自动化反应所制约和影响的。

我们过去成长的人生经历，发生了很多事件，这些经历和事件以及背后的环境，我们称之为"背景/过去"。我们每个人的背景是不同的，我们的背景会决定我们的核心信念（剧本设定/剧本大纲），信念会决定我们用什么样的心态/态度来面对当下的事件，会影响到我们在当下选择怎样的行为表现，会带来相应的结果。固有的信念，会让我们的自动化反应被固着，就形成了我们每个人固有的习惯/模式。我们看待自我和他人及环境的信念不改变，结果就不会改变。

只有保持当下的觉察与觉知，看清楚自己在当下是否进入自动化的反应，才能对自己喊停，才有机会觉知到当下的信念是否是事实，并且回到背景中探究核心信念形成的源头，才能打断原有的剧本设定，也就是在当下改变或调整信念，与自己的人生愿景和目标保持一致性。当下的自我觉察与觉知，让我们有了一个重新改写自己人生剧本的机会。

最后，借用维克多·弗兰克的一句话送给大家，"Awaken in a person the feeling that they are responsible to life for something beyond themselves." 一个人真正的觉醒，是感受到为除自己之外更多的生命和事物负有责任。也许，这就是生命存在的意义！

祝福我们每个人在生命中活出更大的人生意义！

后记

2015年10月，我正式和自己地产人的身份挥手作别；从1996年开始进入到离开，我在房地产这个行业里面奉献了自己20年的青春，当然我也从这个行业收获了很多。

从2011年5月起，我开始了教练文化学习，从此就在这条自我超越的道路上执着前行。我在这里所说的教练，不同于体育赛场的教练，这里的教练，说的是人生赛场的教练。

我们每个人都有自己的人生赛场，我们每个人都是自己人生赛场上的运动员，每个人内心都渴望拿到自己人生赛场的金牌！可是，我们绝大多数人都是一个人孤军奋斗在自己的人生赛场，很少有人想到要给自己找一位人生赛场上的教练。

在美国硅谷，有这样一个人，过去几十年中，被他辅导和激励过的很多硅谷人都已成为传奇。谷歌执行主席施密特曾对媒体说："整个行业没有任何人像他那样有这么大的影响了。对我、对谷歌、对全体硅谷创业人，他都是不可或缺的导师。"他就是被称为硅谷教练的坎贝尔！他也是最受乔布斯信任的人，是他的教练和导师！

人生赛场的教练，为什么会有这么大的影响力呢？这要从教练文化本身的价值说起，在我看来，教练文化的学习可以帮助你至少掌握3种能力。

首先，就是活在当下的能力，在每个当下觉察自己人生因果关系的能力。我们每个人的人生到现在都取得了很多各不相同的成绩或成就，我们把现在取得的这些成绩或成就称之为"果"。而这些果，从因果层面来讲，和我们在过去的"因"是密不可分、有直接关系的。

观照我们人生的以下4个重要面相，家庭、事业、健康、人际关系，很多时候我们都会对其中的一个或几个面相现阶段的"果"不是那么满意，都想要取得更好的成绩。很多时候，我们会很努力去作调整，即便在当下会产生一些不同的结果，但是久而久之好像又回到原点，这种无力的体验，我相信在我们生活中都曾经有过。

我们常常说，一个人的思想产生行为，行为养成习惯，习惯形成性格，性格决定命运。很多时候，我们的努力和调整之所以会无效，是因为大多数时候我们只是在行为层面调整，而没有去解决根本性的问题。

教练文化的学习与实践，是着眼于在思想层面以下更底层的探索和发现，也就是通过有方向性和策略性的引发，去觉察到自己价值观和信念层面的盲点，这些价值观和信念层面盲点的存在，就是我们所说的制约人生成果的"因"。这些盲点通常存在于我们的潜意识层面，需要借助专业的训练才能觉察。

人生当下的果，由过去的因而来；今天的果，如果你不是那么满意，不在当下打断过去的模式，未来你的果与现在不会有很大的不同；要让自己未来的果，与现在有很不一样的结果，在当下就要改变自己的模式，特别是探索和发现制约自己取得更好结果的"因"中的盲点，我们称之为"限制性的信念"。

其次，是有意识地展现影响力的能力。刚才我们提到关于每个人价值观和信念中的盲点，对于影响力，我们很多人通常会有一个盲点，就是影响力是特定人群才具备的天赋才能。

如果我问你，你认为谁有影响力，你第一反应想到的一定不是自己，有可能是政治领袖、宗教领袖，或是明星人物。而事实上，影响力是一种能力，既然是能力，意思就是它是可以被训练和发展的，是每个人都具备的。每个人都具备影响力，今天不是你影响别人，就是别人来影响你。

特别是那些担任企业领导和管理者的朋友们，今天要么是你不断发挥自己的影响力，影响到更多的人愿意加入你的理想，去实现你的愿景和目标；要么就是你被别人所影响，从而选择放弃或是忽略自己的理想。教练文化的学习，可以支持你有方向性地学习如何扩大自己的格局和范畴，从而不断提升你自己的影响力！

另外，就是知行合一的能力。其实，我们人生中如果说结果没有达到自己的预期，还有一个很大的关键点，就是知道却做不到！我们为什么那么热衷于学习如何知行合一，就是因为我们常常知行不合一。

生活中不乏这样的经历，常常会有些想要减肥的朋友，好像越减越肥；或是想要让自己提升情绪管理能力的朋友，常常在发完脾气之后才会意识到，要管理好自己的情绪！我们懂得很多减肥的知识，控制情绪的知识，包括企业管理的知识，但是好像并没有因为知识的增加，而相应在能力上有质的飞跃。教练文化的学习和实践，就是通过学习不断地觉察当下，培养和完善你成熟的心智模式，突破自我和组织的设限，在自己人生包括家庭、事业、健康和人际关系等不同范畴实践，养成现代企业领导人和管理者知行合一能力的训练。

教练文化的学习和实践，离不开教练的支持，而更加重要的是，你会开始学习并掌握自我教练的能力！这种自我教练的能力，将助力你的人生全面丰盛均衡发展。我之所以将教练作为自己人生下半场的事业，不但是因为自己内心越来越宁静喜悦，也是因为看到一班班学员他们的事业或家庭因为教练文化而获益良多。

尽管教练文化进入中国已经有近20年的历史，但是由于行业内从业人员良莠不齐，很多培训平台的初心并非育人而重在商业利益，加上对教练文化的片面误解，导致众口不一甚至是被妖魔化。作为一名行业内的专业教练，对此既深感痛心，同时也倍感责任重大。

学习教练文化，你将掌握一把人生全面丰盛的钥匙。我的个人愿景是做生命的行者，活出贡献的生命。在生命中支持更多的人从自己的自动化惯性中醒觉，看到他们生命的愿景和使命，活出更大的人生意义，让我们的祖国和脚下的这片养育我们的土地，以及生活在这片土地上的同胞越来越美好。

亲爱的书友：

感谢您对智读汇及智读汇·名师书苑签约作者的支持和鼓励，很高兴与您在书海中相遇。我们倡导学以致用、知行合一，特别推出互联网时代学习与成长群。通过从读书到微课分享到线下课程与入企辅导等全方位、立体化的尊贵服务，助您突破阅读、卓越成长！

在此，我们诚挚地向您发出邀请：请您将本书的读书笔记发给我们。

同时，如果您还有珍藏的好书，并为之记录读书心得与感悟；如果您在阅读的旅程中也有一份感动与收获；如果您也和我们一样，与书为友、与书为伴……欢迎您和我们一起，为更多书友呈现精彩的读书笔记。

笔记要求：经管、社科或人文类图书原创读书笔记，字数 2000 字以上。

投稿邮箱：3391271633 @qq.com　　**投稿微信：**zhiduhui9

读书笔记被"智读汇学苑"公众号选用即回馈精美图书 1 本。精美图书范围：1. 智读汇已出版图书；2. 京东、当当书城心仪已久的好书。

每篇采用的读书笔记，两者任选 1 本，免费赠书（包邮）。

—突破阅读卓越成长—

所有智读汇出版的图书背后，都有精品课程值得关注。欢迎咨询作者课程，希望到课堂现场聆听作者精彩分享请与我们联系，我们共同分享阅读、学习与成长的乐趣！

本书作者基于支持参加者在带着觉察的基础上建立和发展关系，洞悉自我人际关系模式，以及由此给自己生命状态带来的深远影响，**开发了原创版权课程《关系花园》**，这个全新的训练课程，每个环节的设计，都以个人与他人的关系的体验和学习为目的。深入学习包括：① 如何利用工具在关系中有效沟通，② 如何有效发展关系，③ 学会如何面对关系中的冲突，从而使学习者在人际关系丰富拓展后带来丰盛和满足，在关系发展的同时个人得以持续成长。

祝愿我们每个人的关系花园可以一直充满美丽、健康与活力。

课程咨询：13816981508（兼微信）15921181308（兼微信）　欢迎关注智读汇学苑

● 更多精彩好课内容请登录 智读汇网：www.zduhui.com